Geest-Verlag
Verlag für engagierte Literatur

Es ist keine Schande nichts zu wissen,
wohl aber, nichts lernen zu wollen.

Platon

Reinhard Tschapke

Auf dem Holzweg

Wie ein Intellektueller das Fällen, Sägen und Feuermachen entdeckt

Reinhard Tschapke
Auf dem Holzweg
Wie ein Intellektueller das Fällen,
Sägen und Feuermachen entdeckt
Geest-Verlag. Visbek 2023

2. Auflage. August 2024

ISBN 978-3-86685-961-6

Verlag: Geest-Verlag
Marienburger Straße 10
49429 Visbek
Tel. 04445 3895913
info@geest-verlag.de

Druck: Geest-Verlag

Printed in Germany

INHALT

Vorwort

Dieses Buch ist kein Buch eines Profis. Der Verfasser ist weder Forstwirt noch Waldarbeiter. Er ist auch kein Feinmotoriker, was die allgemeine Gartenarbeit oder die spezielle Herstellung von Brennholz angeht. Von seiner Frau wird er seit Jahr und Tag im Garten unter strengster Beobachtung nur zu den gröbsten Aufgaben herangezogen. Rasenmähen oder Umgraben gehören dazu. Und schon gar nicht ist er ein Aussteiger oder Naturbursche, der um sechs Uhr morgens draußen den Pumpenschwengel rauf und runter reißt, um jauchzend seine muskelbepackten Oberarme eiskalt abzuspülen.

Dies ist das Werk eines Laien für Laien. Es ist keine Heldengeschichte, denn schließlich handelt sie von mir. Sie zeichnet in einfacher, prosaischer und hoffentlich unterhaltsamer Form den Weg nach, den der Laie über die Jahre nach dem Umzug von Berlin über Oldenburg aufs Land gegangen ist: vom reinen Kopfmenschen, buchverliebten Intellektuellen und langjährigen Kulturjournalisten zum begeisterten Brennholzhersteller auf eigenem Gelände für den eigenen Kaminofen. Gleichzeitig ist dieses Buch eine Liebeserklärung an die zutiefst norddeutsche, oft unterschätzte Landschaft, in der ich lebe: die Wesermarsch.

Dieses biografische Buch erhebt naturgemäß keinen Anspruch auf Vollständigkeit. Es ist auch nicht als Gebrauchsanweisung zu lesen, sondern eher als eine Art Appetitmacher. Glaubt man meiner Umgebung, so neige ich nicht gerade zu Sentimentalitäten, aber in meinen Augen kann es überhaupt nichts Schöneres geben, als mit Holz zu arbeiten.

Es ist doch auch praktisch? Gewiss. Und es macht einfach Spaß.

Vorwort zur 2. Auflage

Mein kleines, sehr persönliches Buch hat viele Reaktionen ausgelöst und ein größeres Echo erfahren, als ich erwartet habe. Offensichtlich wurde beim Thema Holz ein Nerv getroffen - was den Autor natürlich sehr freut. Die neue Auflage wurde vom Verfasser durchgesehen und an einigen Stellen ergänzt.

Jade, im Juli 2024

Es wird einem nichts erlaubt.
Man muss es nur sich selbst erlauben.

Johann Wolfgang von Goethe

DER WEG ZUM HOLZ

Es gibt keinen Himmel über Berlin. Du musst ihn dir denken, wenn das überhaupt an Zwölf-Stunden-Arbeitstagen möglich ist. Du vermisst ihn auch nicht, weil du den Kopf vom dauernden Lesen und Starren auf den Bildschirm ohnehin meist gesenkt hältst. Orthopäden leben von so was. Der Himmel ist jedenfalls irgendwo da oben, das ist sicher.

Früher bist du über Jahre vom inzwischen geschlossenen Flughafen Tegel nach Köln/Bonn hin und zurück geflogen. Wochenende für Wochenende, soweit du an einem Sonntag frei hattest. Es kam dir bald wie Busfahren auf immer gleicher Linie vor. Wupps, das ist Berlin, wupps, hier ist Bonn. Und retour. Das Unterwegssein wurde zur Gewohnheit. Für Außenstehende und aus der Ferne sah dein Leben wahrscheinlich modern, luxuriös und aufregend aus. Manchmal bist du mitten in der Nacht im dunklen Zimmer aufgewacht und hast nicht gewusst, in welcher Stadt du gerade schläfst. Bis du ganz in Berlin geblieben bist. Und dann nahmst du allenfalls auf dem Weg zur nächsten U-Bahn-Station wahr, wie schön oder schlecht das Wetter ist.

Aber das Wetter ist nicht der Himmel. Im Wedding hockst du in der völlig zugepflasterten, baumlosen Burgsdorfstraße in einer kleinen Etagenwohnung im zweiten Stock. Hättest du einen Großstadtbalkon, dann könntest du ein wenig Natur ins und ans Haus holen, einfach ein paar

Kräuter selbst frisch halten, vielleicht Pfefferminze, Schnittlauch oder Petersilie. Vielleicht auch ein Kaktus, ein kleiner. Oder Salate in Balkonkästen pflanzen, vielleicht ergänzt durch Radieschen oder kübelgeeignete Blaubeeren. Die eine oder andere Topfblume wäre gewiss auch möglich. Wie stand es neulich auf einer Beschreibung? Nach dem Kauf der Pflanzen den mitgelieferten Dochtspieß von unten in den Kulturtopf stecken, diesen in das Gefäß setzen, gießen und schon sind die Kräuter und Blühpflanzen perfekt mit Wasser versorgt. Und im Sommer könnte es dann sogar eine bunte, blühende Fensterbank werden – mit oder ohne Dochtbewässerung.

Aber die große Wohnung mit einem Garten war in Bonn. Bis die Grenze zwischen den beiden deutschen Staaten verschwand und deine Redakteursstelle vom Rhein ganz an die Spree verlegt wurde. Gar nicht weit von der früheren Mauer entfernt. Auch das Altbauzimmer mit prall gefüllten Regalen bis unter die Decke, mit allen Werkausgaben und den gesammelten signierten Büchern von Autoren blieb in Bonn. Fünftausend Bände, eine Bibliothek. Erstaunlicherweise vermisst du die vielen doch so geliebten Bücher wegen der Arbeit nicht sonderlich, brauchst sie ja kaum als Journalist. Bücher sind Vergangenheit. Welches Werk liest du schon ein zweites Mal? Wozu hebst du sie auf? Und doch fehlen sie dir.

Wenn du in Berlin vorn aus dem Fenster schaust, siehst du Häuser im einheitlichen Altbaustil der Hauptstadt auf der anderen Straßenseite, vielleicht zwanzig, dreißig Meter entfernt. Die Balkone sind, wie in dieser Stadt üblich, längst abgeschlagen. Unten rechts ist ein Dönerladen hinter ewig feuchten, beschlagenen Glasscheiben. Du kannst in dem schmucklosen Imbiss noch spät abends von ewig knurrigen Angestellten ein nicht gerade landestypisches Brot kaufen. Was du selten machst, selbst wenn du völlig kaputt aus der Redaktion nach Hause kommst.

Auf der Burgsdorfstraße hängen auch dann noch Männer in Grüppchen herum. Sie rauchen viel und palavern heftig. Deine Mutter würde sie ängstlich als dunkle Typen bezeichnen, du findest sie überhaupt nicht bedrohlich. Sicher, sie reden in einer fremden Sprache miteinander, und du weißt nicht, was sie sich eigentlich beim Flanieren in ihren dunklen Schweinslederjacken zu erzählen haben. Einmal haben sie unten in ihrer verräucherten, sehr männlichen Teestube freundlich ein Paket eines Schriftstellers für dich angenommen. Als du nicht da sein konntest, wieder mal auf einer Dienstreise warst. Du hast dich gewundert, als sie es dir am nächsten Tag aushändigten. Das Paket war aufgerissen und nur notdürftig wieder zugedrückt, ohne überhaupt den Hauch des Versuchs, die Wühlerei darin zu kaschieren.

Sie zuckten auf Nachfrage mit den Schultern, qualmten weiter, guckten ernst und murmelten, da könnte ja technisch gesehen eine Bombe von kurdischen Terroristen drin sein. Tatsächlich war in dem Karton fein verpacktes Blechspielzeug, ein kleines Auto der traditionsreichen Firma Schuco. Also etwas Altes, Nostalgisches, Schönes, das dir dein Freund, der Lyriker Günter Kunert, manchmal aus seinem Landhaus in Kaisborstel in Schleswig-Holstein schickte. Als wenn er als gebürtiger Berliner wüsste, dass es dich im dunklen und kalten und nie fertigen Berlin ein wenig aufheitern würde.

Abends gehst du ungern noch einmal aus dem Haus, obwohl du dich eigentlich in deinem Kiez sicher fühlst. Der U-Bahnhof, den sie mit der Arbeitsagentur daneben oft im Fernsehen zur symbolischen Bebilderung der Arbeitslosenzahlen zeigen, ist nicht weit weg und führt dich aus dem Wedding heraus mit der U6 direkt an die Kochstraße zu deiner Arbeit im dreizehnten Stockwerk des Axel-Springer-Hochhauses. Du kommst also aus dem Untergrund und arbeitest da oben in geschlossenen Räumen. In deiner Etage kann man wegen der großen Höhe gar nicht lüften, du bist immer drin. Selbst wenn es ginge, kein Fenster darf aus Gründen der Sicherheit geöffnet werden. Man könnte höchstens die eine oder andere Topfpflanze hinstellen und gießen. Vorbei und vergessen inzwischen auch die schöne, wilde Zeit nach der Wende im Jahr 1989, als du vorm Reichstag auf dem Rasen mit den Kollegen ordentlich Fußball gebolzt hast.

Warst du ein Großstadtmensch durch und durch? Lebend zwischen hohen Gebäuden und Menschen in endloser Hast, unterdrückend, was jenseits davon liegen konnte?

Der Himmel über Berlin war dir nie voller Engel.

Das Erste, was ich nach dem Umzug und der Unruhe, die eine neue Arbeitsstelle in einer anderen Stadt mit sich bringt, entdeckte, war der Himmel. Der besondere Himmel über Norddeutschland. Diese Weite, diese Bläue, diese kilometerweite Sicht auf Weiden und Wiesen mit ein paar Wölkchen darüber. Wie auf dem berühmten Bild von Heiner Altmeppen, zu bewundern in Eske Nannens Kunsthalle in Emden. Und abends glänzen sogar die Sterne. Manchmal, jetzt bei uns auf dem Land, sieht man sogar ganze Reihen von Sternen, und ich, der ich keine Ahnung habe von Sternbildern, rätsele angesichts dieses Schauspiels herum, wo der Große Wagen oder Kassiopeia zu finden sind. Kaum ein künstliches Licht lenkt in unserer Gegend davon ab, keine Straßenbeleuchtung, kein Licht von Gebäuden, selten Autos. Natürlich ist bei jedem Gang eine Taschenlampe nötig. Man gewöhnt sich daran.

Ich staunte in den ersten Tagen, ich verliebte mich neu in Land und Leute. Vielleicht stolpere ich manchmal durch das Leben. Aber hier ließ ich endlich wieder mein Herz sprechen, in meinen Augen das Beste, was zu uns sprechen kann. Irgendein schlauer Mensch hat mal gesagt, dass nur die Stunden zählen, in denen wir etwas mit Liebe gemacht haben. Viel zu spät, aber noch rechtzeitig habe ich nicht nur den Himmel entdeckt, sondern was ich schon immer wollte – ohne vorher zu wissen, dass ich es überhaupt wollte. Viel zu spät habe ich angefangen, viel und gern draußen zu sein. Besser und genauer gesagt: Mit Holz und mit den Händen zu arbeiten, zu sägen, zu fällen, zu spalten, zu stapeln, zu trocknen, zu transportieren, zu verfeuern. Ein Leben, endlich nur von mir bestimmt, klar strukturiert, ohne Schnickschnack. – Ein Leben mit Brennholz.

Wie viel Befriedigung einem diese Tätigkeiten geben, lässt sich kaum ausführlich genug beschreiben. Wie diese

Arbeiten die Seele beruhigen, Freude bereiten und das Gemüt ausgleichen – was wir andererseits am Schreibtisch und an anderen Orten in so manchen Stunden der Leere vergeuden. Sicher, ich war immer gern Journalist und Autor. Meine Arbeit passte genau zu mir und meinen wenigen Talenten. Nicht ohne Grund erzählte ich über Jahrzehnte mit einem gewissen Augenzwinkern, dass ich eigentlich nur zwei Sachen im Leben einigermaßen beherrsche: das Lesen und das Schreiben.

Sage noch einer, das sei eine brotlose Kunst. Sie brachte mir immerhin einen Doktortitel an einer ehrwürdigen Universität ein, Bücher kennen mich als Verfasser, ich arbeitete in einer überregionalen Zeitungsredaktion und bei einem bedeutenden regionalen Blatt als Ressortleiter. Vielleicht hinkt der Vergleich ein wenig, aber ich habe über Jahrzehnte täglich Texte, ja ganze Zeitungsseiten verfertigt wie andere Holzstücke bearbeiten und zurechtschnitzen. Ich habe Artikel abgelehnt oder verlangt, ich habe gekürzt und verlängert, erarbeitet und durchgewalkt wie Gärtner ihre Beete anlegen oder den Boden beackern, immer und immer wieder darübergehend, hier etwas verbessernd, dort etwas zupfend, begradigend, düngend und wegharkend.

Die Sprache war mein tägliches Material, die Tastatur diente als Pflug und Harke gleichermaßen. Oft wurde allerdings auch mit großer Schaufel umgegraben. Selten wurde etwas mit dem Vorschlaghammer in die Tonne gekloppt.

Offen gesagt, bin ich bis heute immer noch kein begnadeter Handwerker geworden, ich beklage sogar eine fast tapsige Ungeschicklichkeit und Fehlerhaftigkeit. Aber ich bin schrecklich neugierig und lernfähig. Und wer mir mit Geduld etwas anständig zeigt, den belohne ich damit, dass ich es gut erfasse, willig kopiere und mir in meiner Art aneigne. Obwohl ich es wahrhaftig inzwischen herzlich liebe, will ich im Folgenden keinesfalls plump das Leben auf dem Land anpreisen. Und ich will auch bestimmt keiner bukolischen Weltanschauung das Wort reden. Viele Jahre scherzte ich sogar: Das Schönste an dem Ort, in dem ich gerade mehr oder weniger zufällig lebe, sei sicher der nächste Bahnhof, wo schon der Zug wartet, der mich am besten nach Berlin bringt. Heute bin ich froh über jede Stunde, die ich draußen auf unserem eigenen Land verbringen darf. Und in diesen Stunden vermisse ich nichts. Schon gar nicht Berlin.

Über Jahre musste ich als Journalist von Museum zu Museum, von Theater zu Theater hetzen, über Ausstellungen, Premieren und neue Bücher oder Filme schreiben, spätestens morgens die Kritiken abliefern und wieder in den Zug steigen und weiter.

Ich habe die beiden großen deutschen Buchmessen in Leipzig und Frankfurt am Main wohl jeweils zwanzig Mal besucht und den Stress in großen Zeitungsredaktionen gelebt und manchmal sogar geliebt. Ich habe an mehreren deutschen Universitäten das wolkig anmutende Überbau-Vokabular der umständlichsten Professoren und selbstverliebten Dozenten ertragen. Die hochgebildeten, aber entsetzlich zähen, einschläfernden Referate. Ich musste an unendlich vielen überflüssigen Konferenzen und langweiligen Tagungen teilnehmen. Ich habe über Jahre als Kulturjournalist das ewig gleiche Kollegengeschwätz und das garantiert angeberische Künstlergerede gehört und erlebt. Die Aufregung über Kleinkram, die Wichtigtuerei, die obligatorischen Intrigen und vor allem den Neid. Es ist unleugbar, dass das Leben als Redakteur bei Weitem nicht so lustig und aufregend ist, wie es gerechterweise trotz guter Bezahlung sein müsste.

Als Landbewohner habe ich mich dennoch nicht in einen weltfernen Romantiker verwandelt. Ich bin und bleibe ein deutscher Intellektueller, ein eifriger Leser und durch mein Berufsleben auch ein zügiger Schreiber, aber so viel Glück und Freude, wie ich in den letzten Jahren erfahren habe, habe ich nur deshalb erlebt, weil ich viele Stunden täglich körperlich arbeite, in der Natur, unter freiem Himmel aktiv bin. Das Wort frei ist dabei besonders zu betonen. Und das Schönste daran ist und bleibt die Arbeit mit Brennholz, das über keinen Ozean schippern muss, in keinen technischen Großanlagen künstlich getrocknet wird und in keinem Baumarkt lagern muss, sondern von unseren Wiesen oder aus unserem Wäldchen in der südlichen Wesermarsch stammt. Etwas ganz Einzigartiges.

Ich bin ein Kopfmensch, der zufällig gefunden hat, was er ein Leben lang eher unbewusst suchte. Das Arbeiten mit Holz gibt mir ein Gefühl, das ich lange nicht hatte und das heute nicht selbstverständlich ist: das Gefühl, endlich zu Hause zu sein.

Es gehört Mut dazu, sich seiner Angst zu stellen
und sie auszuhalten.

Hoimar von Ditfurth

DER AUFBRUCH

Ich gestehe: Ich wollte nie mit einer Motorsäge arbeiten. Ich fand das Ding viel zu laut, viel zu kompliziert und vor allem zu gefährlich.

Also schob ich das Problem, ob bewusst oder unbewusst, vor mir her. Über sieben Jahre, seit wir durch Zufall aus familiären Gründen aus der Stadt Oldenburg aufs Land in die südliche Wesermarsch gezogen sind. Niemals! Ich war felsenfest davon überzeugt, mit dieser persönlichen Entscheidung richtig zu liegen. Im Nachhinein denke ich, vielleicht brauchte ich diese Jahre, bis ich reif für eine Veränderung war. Heutige Fußballtrainer würden eventuell sagen, dass es eine mentale Angelegenheit war.

Vor Jahren, als es offenbar noch den letzten richtigen Winter mit Frost und Schnee und reichlich Blitzeis gab, mitten im Februar, in jener Zeit, in der im Garten noch nicht viel los ist, geschah es dann doch: Ich sägte das erste Mal in meinem Leben mit einer mächtig knatternden Motorsäge das Brennholz für unseren Kaminofen. Die Realität hatte meine Fantasie überholt.

Es fühlte sich wunderbar an. Alle Bedenken waren wie weggeblasen. Der Duft von Holz umschmeichelte mich. Es roch nach frischer Birke, nach Weide und nach Eiche. Ich arbeitete draußen, auf dem großen Feld hinter unserem sanierten Bauernhaus. Ich bewegte was und es bewegte mich. Ich veränderte mich. Ich konnte das Ergebnis meiner Arbeit, ähnlich wie einen schließlich fertig geschriebenen oder durchredigierten und korrigierten Text, bestaunen und daran wieder und wieder Freude haben. Eine von mir beherrschte, kraftvolle Maschine vollzog in wenigen Stunden, wozu zwei oder mehr Waldarbeiter in früheren Zeiten wahrscheinlich Tage, wenn nicht sogar Wochen mit ihren einfachen Handsägen gebraucht hätten. Mein Vater, der sich mit Technik schwertat, nie einen Führerschein machte und gerade einmal wusste, wie man den Fernseher einschaltete, wäre stolz auf mich gewesen.

Ich hatte Spaß, machte etwas Produktives und Praktisches, fühlte mich frei, hatte – das Wichtigste in meinen Augen – eine schier unüberwindbar wirkende Grenze in mir überwunden. Ich war befreit von körperlichen und geistigen Verknotungen. Wie ein Pfropfen, der beseitigt wurde. Holzscheit für Holzscheit purzelte von meinem Sägebock und bildete bald einen veritablen Haufen, der nach ein paar Jahren oder Monaten – je nach Holz, das hatte ich zumindest damals schon gelernt – im Ofen in hoffentlich schönen Flammen prasseln und uns wärmen würde.

Die Geschichte vor diesem ersten Sägen ist die eigentliche Geschichte. Meine Geschichte.

Wir waren mitten in das Gebiet zwischen der Unterweser und den Städten Bremen, Wilhelmshaven und Oldenburg gezogen. Die Wohnung in Oldenburg war klein und laut, auf dem Land hatten wir mehr Platz und Ruhe. Die Familie besaß ein altes Bauernhaus, dort waren wir im Sommer immer hingefahren, hatten es als Feriendomizil genutzt und uns auf den Wiesen ausgetobt, den großen Garten mit dem Rasentraktor gemäht, draußen gesessen und gegessen, den kitschigen Sonnenuntergang mit einem Jever in der Hand bewundert, nachts die Schleiereulen gehört, morgens die maulenden Katzen versorgt. Es war ein seit Jahren verfallendes Gebäude, das Dach leck, der Dachboden von Vögeln besetzt, die Heizung längst kaputt, die Wände einsturzgefährdet, fast dreißig Kilometer von Oldenburg entfernt, von der Arbeitsstelle. Wozu dort hinziehen? Wie sollte das funktionieren?

Ohne großes Überlegen schlugen wir schließlich doch zu, kratzten unser Geld zusammen, verhandelten mit der Bank, ließen die Schrottimmobilie abreißen und neu aufbauen. Und da waren wir nach einem Jahr: Mitten auf dem Land, der nächste Nachbar ein paar Hundert Meter entfernt, die nächste Bushaltestelle sechs Kilometer, die nächste Einkaufsmöglichkeit sogar zwölf Kilometer. Kurzum: Wir waren glücklich in unserer Einöde. Aber ich hatte noch permanent mit meiner Angst und Vorsicht zu kämpfen, was den Umgang mit einer Motorsäge betrifft. Wieder und wieder hatte ich schon vorher immer zur Selbstvergewisserung meiner Frau Jahr für Jahr bei unseren Sommeraufenthalten gepredigt, wie gefahrvoll das sei: Ein Moment der Unachtsamkeit – und weg ist bei diesen Mordsmaschinen, die sich Kettensägen nennen, der Finger, die Hand, das Bein. Blutrausch und Schlachtfest kamen mir beim Stichwort Motorsäge in den Sinn.

Diese waffenähnlichen Werkzeuge werden schließlich von mehreren Pferdestärken angetrieben, das Fällen von Bäumen gehört, glaubt man den Unfallstatistiken, zu den gefährlichsten Arbeiten überhaupt. Sind denn die Horrorgeschichten und Gruselstorys ganz falsch, die von Kettensägenmassakern erzählen? Immer wieder hat die Kettensäge hübsch blutige Auftritte in Horrorfilmen, man denke nur an „Blutgericht in Texas“ von 1974. Einige Metalbands setzen bei ihren Shows auf das Mordwerkzeug. Es soll sogar Rockbands geben, die Kettensägen als Instrument nutzen. Dabei brauche ich diese blutigen Assoziationen und schrecklichen Bilder im Prinzip noch nicht einmal. Das Unbehagen ist schließlich auch so da. Schon lange. Und leider sehr tief in mir. Und aus einem Grund, der nichts mit der Sägerei zu tun hat.

Wenn ich träume, dann träume ich seit Jahrzehnten schrecklich plastisch von Verletzungen, von Kriegshandlungen, von Gefechten und Grausamkeiten aller Art. Ich liege im Schützengraben bei Kursk, zittere mich als Wehrmachtssoldat aus Angst vor Sprengfallen durch Kiew und hungere im Kriegsgefangenenlager bei Sverdlovsk, bin geplagt von Erinnerungsfetzen. Nicht selten muss meine Frau mich nachts aus schlimmsten Situationen und grausigen Szenen retten, wenn sie durch mein unruhiges Gewimmer, Geruckel und Gestammel wach geworden, neben sich den erfahrenen Ressortleiter, promovierten Germanisten und robusten Freizeitkicker in der Betriebsmannschaft als total hilflosen Mann aus seinem Albtraum schüttelt.

Lange habe ich überhaupt nicht geahnt, woher das kommen könnte, warum ich seit Ewigkeiten so eine Neigung zu heftigen Gewaltexzessen und gefährlichen Kriegsszenen habe, die mich auch schon mal bis in die Tagträume verfolgt. Verbunden, naturgemäß, mit einem Anflug von Depression – wie sollte ich verstehen, warum ich so fühlte?

Ein Wissenschaftler – Professor Alon Chen vom Max-Planck-Institut – und eine Fernsehdokumentation brachten mich eines Tages auf eine Spur, die vielleicht nicht alles, aber gewiss einiges erklärt: Nach inzwischen ziemlich gesicherter Auffassung existiert so etwas wie eine „epigenetische Vererbung". Gemeint ist damit, dass die gesammelten Erfahrungen während des Lebens der Eltern durchaus Einfluss auf die Gene der Nachkommen haben können. Man hat das an Kindern von Holocaust-Opfern erforscht, aber auch an anderen Menschen, die tiefe traumatische Erfahrungen erleiden mussten, etwa im Verlauf des Zweiten Weltkriegs oder in der jahrelangen Gefangenschaft unter härtesten Bedingungen.

Die Generation des Krieges konnte offenbar nur überleben, weil sie grausame Erlebnisse, den Verlust von geliebten Menschen, Flucht, Hunger und die dazugehörigen Emotionen wie Angst, Verzweiflung und Wut kräftig verdrängt hat – bis hin zur gefühlsmäßigen Abstumpfung und damit Selbstkasteiung. Man musste schließlich funktionieren.

Meine Eltern haben beide – mein Vater seit 1939 direkt als Landser an der Front, meine Mutter als Kind – den Zweiten Weltkrieg und besonders dessen apokalyptisches Ende tief im deutschen Osten erfahren und erlitten. Burkhard Driest, Schauspieler, Schriftsteller und ein guter, leider vor ein paar Jahren verstorbener Bekannter von mir, hat diese total verrohte Welt beispielhaft in seinen pommerschen Kindheitserinnerungen unter dem Titel „Der Maikäfer und der Krieg“ furchtbar genau beschrieben. Die Szenerie gleicht einem Gemälde von Hieronymus Bosch. Was aber hat der Hauptgefreite T., also mein Vater, in Russland und am Kriegsende im Jahr 1945 erlebt? War er nur Opfer, war er auch Täter? Natürlich muss er als Soldat neben den Kriegshandlungen, sei es auf dem Hin- oder auf dem Rückweg, in Polen und den sowjetischen Gebieten die brutale Behandlung der Bevölkerung wahrgenommen, von der Judenvernichtung gewusst haben.

Heute gehen selbst vorsichtig formulierende Historiker bei deutschen Russland-Kämpfern von dieser Annahme aus. Unser längst gestorbener Vater wollte von sich aus nie über seine Erlebnisse und seine fünf Jahre Gefangenschaft am Ural reden. Manchmal saß er einfach nur stumm da, guckte über Stunden aus dem Fenster, rauchte seine Juno. Alte Wunden sollten nicht aufgerissen werden. Andererseits haben wir als Kinder ihm viel zu wenige und vielleicht auch die falschen Fragen gestellt.

Und was geschah, als die Rote Armee im Frühjahr 1945 Pommern überrannte? Meine Mutter, gerade zwölf Jahre alt und ein, glaubt man den wenigen erhaltenen Fotos, hübsches Mädchen, konnte nicht mehr fliehen, musste im Dorf bleiben. In unserer kleinen Familie wurde auch darüber nur selten und wenn, dann beschönigt und verklausuliert gesprochen. Aber die Dumpfheit von Mord,

Tod, Vergewaltigung, Verstümmelung, Hinrichtung, Suizid und absolutem Verlust – bis hin zur Heimat – war spürbar. Manchmal auch hörbar. Aber nur in ganz wenigen Sätzen. Da genügten blitzlichtartige Skizzen des Furchtbaren, mal eben beim Kaffeetrinken hingeworfen, um plastische Bilder auszulösen: dass eine junge Mutter auf dem primitiven Flüchtlingstreck ihr erfrorenes, totes Kind am Grabenrand ablegen und weitergehen musste. Dass einem eben noch fröhlichen Jungen nach sowjetischem Beschuss auf offener Straße ein Bein amputiert werden musste. Das waren Vorkommnisse, die prägten. Und unbewusst epigenetisch übertragbar waren – als verborgene Vererbung, als Gewalterfahrung auf die nächste Generation, auf den Sohn.

Der Zweite Weltkrieg ist für mich noch nicht vorbei. Ich sehe immer noch mit den Augen meines Vaters. Denn anders kann ich mir die ewig wiederkehrenden, offenbar nicht so einfach abstellbaren Albträume in meinem Kopf mit genauesten Vorstellungen von östlichen Landschaften, Orten, Straßen, Gebäuden, in denen ich nachweislich noch niemals war, nicht erklären. Oder bestimmte Verhaltensweisen und auffällige Charakterzüge von mir. Symptome, die vielleicht in Kriegszeiten einen Sinn hatten, bei den Nachfahren jedoch nicht mehr.

Ich muss immer durchhalten. Ich bin oft hart zu mir und leider auch zu anderen. Das Glas ist stets halb leer, nicht halb voll. Ich habe ewig Hunger. Ich kann eine Sache, die ich anfange, nicht einfach aufgeben und muss weitermachen und weitermachen. Ich glaube nicht an so etwas wie Heimat oder Religion. Ich vertraue nur selten. Ich bin ängstlicher als andere Menschen. Ich schiebe leicht mal Panik. Ich kenne innere Blockaden. Ich suche immer nach mehr Sicherheit. Ich bin schrecklich schreckhaft. Ich bin niemals zufrieden und ewig unruhig. Ich hasse Diskussionen. Ich kann furchtbar direkt sein. Und ich habe massive Schlafstörungen, die sich kein Arzt erklären kann.

All das sind im Grunde Faktoren, die eine bestimmte Signatur meines Gehirns ausmachen. Elemente, die schon in meinen mentalen Rucksack gepackt worden sind. Da passte die rasselnde Motorsäge nun wirklich nicht noch zusätzlich hinein.

Diese Art von Selbstvergewisserung saß fest in meinem Kopf. Dachte ich zumindest.

Hinzu kommt: Ich bin von Natur aus eher der nervöse Typ. Eben der Intellektuelle, der zügig ungeduldig wird, der das Ergebnis am liebsten schon in dem Moment haben möchte, wenn er etwas beginnt. Es war deshalb furchtbar, eine geisteswissenschaftliche Doktorarbeit zu schreiben, die sich über fünf Jahre hinzog, an der ich immer wieder und wieder feilte, neue Literatur einarbeitete und wusste, dass am Ende das sogenannte Rigorosum, also der mündliche Universitäts-Abschluss, und letztlich nur eine Urkunde stehen.

Wie habe ich die schrecklich lange Zeit zwischen Beginn und Ende der Dissertation damals nur ausgehalten? Kollegen von mir haben derlei persönliche Qual mittendrin abgebrochen und aufgegeben – etwas, für das ich Verständnis aufbringe, das für mich aber niemals infrage kam.

Gewiss, ich wirke nicht so flattrig wie beispielsweise der amerikanische Filmemacher und Schauspieler Woody Allen in vielen seiner Streifen, aber ich bin schon ein wenig hibbelig, wie man norddeutsch sagt. Dabei machte ich zur Unterstützung meiner Säge-Abneigung bei jedem selbst angezettelten Vortrag vor meiner Frau über die Bedenken bei der maschinellen Holzverarbeitung ein verdammt ernstes Gesicht und zusätzlich eine unterstreichende, üble, schneidende Handbewegung durch die Luft. Eine Killergeste, die die grausamen Gefahren des Motorsägens mehr als nur andeutete. Selbstredend hätte Sigmund Freud spätestens an diesem Punkt eingegriffen und auf einen gewissen thebanischen König hingewiesen. Auf Herrn Ödipus, dessen Komplex sich bekanntlich unter anderem in einer Drohung und symbolischen Durchführung manifestiert. Kastration durch die Kettensäge?

Schreckliche Bilder entstanden so eine Zeit lang zusätzlich zur bereits üppig vorhandenen Bilderwelt in meinem Innern, gefördert durch eine rege Fantasie. Entsetzliche Szenen leuchteten auf. Szenen, die einem Angst einjagen, Szenen, die an die Verletzung des Fußballspielers Ewald Lienen erinnerten, der im Bremer Weserstadion einmal schreiend auf dem Rasen lag und der gegnerische Abwehrspieler hatte ihm im August 1981 mit einem brutalen Foul den Oberschenkel der Länge nach furchtbar aufgeschlitzt, so als sei der ein rohes Stück Fleisch vorm Braten. Das übelste Foul der Bundesligageschichte!

Meine Frau saß bei meinem eher an mich selbst gerichteten Vortrag meist ruhig, vielleicht sogar in einer Zeitschrift blätternd oder Fernsehen guckend auf dem Sofa. Sie nickte und verstand meine Bedenken. Nahm ich jedenfalls an. Und ich berief mich selbst Jahr für Jahr darauf, wenn unser Holzvorrat erschreckend schnell zur Neige ging und für einen teuren Beutel Brennholz die peinliche Fahrt zum nächsten Baumarkt drohte – die zum Glück nie stattfand.

Hatte ich andererseits nicht schon als Kind tapfer gesägt? Besaß ich nicht eine gewisse, wenn auch verschüttete Erfahrung auf dem Gebiet der Holzsägerei?

Das geschah mit einer billigen, im Nachhinein geradezu lächerlichen Laubsäge im kleinen Keller der Mietwohnung im Oldenburger Stadtteil Bürgerfelde. Wenn ich mich recht erinnere, gab es damals bereits Schablonen, mit denen man aus dünnem Sperrholz dann Figuren, Fahrzeuge oder andere Motive sägen konnte, um seine Liebsten damit zu erfreuen. Da wusste ich allenfalls, dass ich, wie leider auch mein Vater, nicht der geborene Handwerker bin. Die ausgesägten Bilder, überwiegend Tiere, waren am Ende mehr schlecht als recht geraten. Das Ganze kostete unwahrscheinlich viel Zeit und war peinlich für alle Beteiligten, für meinen Bruder und meine Eltern besonders. Und für mich auch.

Unter uns: Ich werkelte im Bürgerfelder Keller mit dem billigen Sägebügel in U-Form herum, ohne genau zu wissen, was ich eigentlich wollte. Aber ich hasste Unentschlossenheit. Schon damals hatte ich mir leider angewöhnt, lieber hastig zu handeln statt gepflegt abzuwarten. Das Dumme war nur: Keiner zeigte mir, wie es richtig ging. Also einfach frisch drauflos?

Und wieder und wieder riss das dünne Sägeblatt ab, wurden die Schnitte für die kleine Säge zu lang und schief, die Finger schmerzten, draußen lockten der Bolzplatz, oben in der kleinen Mietwohnung die grünen Bände von Karl May. Ich quälte mich als Greenhorn herum, wollte anderen unbedingt eine Freude machen, sei es zu Ostern, zum Geburtstag oder für Weihnachten. Mozart hatte in dem Alter schließlich schon vollkommene Klaviersonaten komponiert.

Mit der linken Hand werde ich ungeschickt das Werkstück gehalten und mit der rechten daran herumgesäbelt haben. Die Leidenschaft war schneller als die Vernunft, als junger Mensch war ich generell viel zu sehr in Eile, um das ordentlich zu machen. Aber warum habe ich das überhaupt gemacht?

Wollte ich, wie so viele damalige Klassenkameraden an der Hauptschule, einen handwerklichen Beruf ergreifen? Galt in der Clique und Schulklasse nur, wer auch praktisch war? Bücherwürmer verpönte man? Oder habe ich nur meine kindliche Einsamkeit und angeborene Traurigkeit und Melancholie betäubt? An manchen Tagen bin ich immer noch erstaunlich gern allein, noch heute fühle ich mich in der Abgeschiedenheit unseres ländlichen Lebens mit Wiese, Baum, Strauch, Scheune und Katze ausgesprochen wohl.

Doch die Sägerei im Keller hatte wohl nichts mit Einsamkeit zu tun. Eher mit einer persönlichen Sturheit und daraus resultierenden Ungeschicklichkeit. Als stilles, unbeholfenes Kind gelang es mir offenbar nicht, etwas Erwähnenswertes zu ersägen oder gar über das Sägen selbst zu lernen. Ich war damals schon ein fürchterlicher Realist. Konsequenterweise fühlte ich mich deshalb natürlich geschlagen, schlimmer, ich kam mir idiotisch vor. Ich weiß das nicht mehr ganz genau, kenne mich, das Kind und den Jugendlichen von damals, nicht gut. Ich blicke mit gemischten Gefühlen zurück und bin mir ziemlich sicher, dass kein Familienmitglied eine Laubsägearbeit länger als ein paar Wochen Schonfrist aufgehoben hat.

Zum Glück. Nach ein paar Jahren verdrängte ich diese Episode für eine lange Zeit in eine hintere Schublade meines Gedächtnisses.

Fast ein halbes Jahrhundert später ärgerte ich mich auf unserem kleinen Anwesen in der Wesermarsch mit einer Handsäge herum, einer mehr oder weniger scharfen Bügelsäge, einer Stichsäge oder einem billigen Fuchsschwanz. Was der zugereiste deutsche Intellektuelle eben so macht, wenn er anfängt, etwas auf dem Lande zu machen. Alle Bücher waren sauber in den Regalen verstaut, viel Land lockte, Fahrradfahren wollte man nicht jeden Tag, Spazierengehen war auf Dauer zu eintönig, und im Winter war kein Rasen zu mähen. Also wurde gesägt. Wir hatten schließlich nicht ohne Grund einen hübschen Kaminofen einbauen lassen. Über die praktischen Folgen hatte ich nicht weiter nachgedacht. Jedenfalls nicht bis zu Ende.

Manchmal brauchte es eine Stunde, bis der arme Ast durch war. Ich stand verschwitzt und ernüchtert. Verging mir die Lust am Landleben? Vergeudete ich meine kostbare Lebenszeit mit Kleinkram? Nervte das? Natürlich, aber ich beruhigte mich, indem ich weiter Stück für Stück der meist viel zu dünnen Äste per Handsäge zerkleinerte. Es war naiv, allerdings auch ein ganz klein wenig befriedigend, sonst hätte ich es ja gar nicht erst begonnen. Aber natürlich war es harmlos und langweilig. Jeder Ast riss mich etwas tiefer in eine Melancholie, die ich seit Jahren nicht mehr gekannt hatte. Das Ganze wirkte in unserem neuen Landleben wie ein Nebenkriegsschauplatz. Trotzdem wurde der arme Fuchsschwanz wieder und wieder malträtiert. Kein Wunder, dass ich die allenfalls mitteldicken Äste liebte, an das dicke Holz wagte ich mich gar nicht erst heran.

Im Nachhinein erscheint es mir seltsam, dass ich das so lange durchgehalten, dass ich nicht gleich aufgegeben habe. Der Spaß hielt sich schließlich bei meiner Kleinsägerei in Grenzen. Ich wollte mir aber wahnsinnig gut vorkommen. Vielleicht half mir der Gedanke, dass ich die Gefahr von Verletzungen minimiert hatte. Keine Motorsäge kam mir zu nahe. War das nicht das Wichtigste?

Tatsächlich sah es anders aus. Ich rutschte oft ab, stieß mich mit den Fingern oder griff schon mal in der wütenden Hektik des energischen Machens auf die falsche Seite der Säge. Da floss etwas Blut, das wenigstens gut verpflastert werden konnte. Ganz tief im Herzen war ich unglücklich, fühlte mich wie ein Dilettant und dachte mit Grausen an die Zukunft. In der Ferne hörte ich neidisch die Motorsägen der Nachbarn bei der Arbeit. Fiel nicht auch der eine oder andere Baum und wurde geschickt zu Brennholz verarbeitet? Ich dagegen konnte wie ein Verrückter über Stunden mit der Hand herumsägen, für unseren winterlichen Heizbedarf – ich rechne inzwischen für die Monate von Anfang September bis mindestens Ende April des Folgejahres mit Brennholz – reichte dieser Vorrat definitiv nicht aus.

Das konnte nicht meine Zukunft im Garten und auf dem Feld oder im Wald sein. Andererseits kaufe ich bis heute gern mal eine Handsäge im Baumarkt, etwa eine kleine superscharfe japanische oder eine der finnischen Firma Fiskars. Mit denen erledige ich dann freilich im Obstbaum den Rückschnitt bei wirklich kleinen Ästen.

Die Lösung unserer Brennholzprobleme hieß damals Heinz. Mein Schwiegervater musste Jahr für Jahr oder sogar zuweilen Monat für Monat anrücken. Er kam, nachdem ich das gesammelte, grob und mühevoll von Bäumen mit der Hand abgesägte oder schlimmstenfalls abgerissene Holz herbeigeschleppt, gestapelt, einigermaßen gereinigt und geschichtet hatte, und er sägte dann mit mir als dem einfachsten aller einfachen Helfer erstaunliche Haufen in wenigen Stunden weg. Es war ein Leichtes für ihn, er fällte mir auch den einen oder anderen Baum. Er war auf dem Land mit Maschinen aufgewachsen, mit Traktoren, Kreissägen oder Generatoren, hatte als Handwerker in einer kleinen Blitzschutz-Firma in unserer Region gearbeitet, genoss jetzt den Ruhestand. Er kam, wenn wir mühselig einen Termin gefunden hatten. Es durfte nur nicht wie aus Kübeln gießen, dann entfiel das Sägen natürlich und eine neue Vereinbarung musste getroffen werden – schwierig genug bei meinem Vollzeitjob in der Zeitungsredaktion in der Stadt Oldenburg.

Er an der Motorsäge, ich als Assistent beim Zureichen und Wegziehen: Ich war dafür zuständig, die schweren Stücke schon mal auf den alten Bock zu wuchten, das in Stücke gesägte Holz aufzusammeln, wenn es runterpurzelte und zu unseren Füßen lag. Seltsamerweise dachte ich da nie über die Sicherheit nach, wie ich mir später, über mich selbst staunend, gestand. Ich trug keinen Gehörschutz, keinen Helm, nur eine Schutzbrille – immerhin.

Wir bildeten ein gutes, ein eingespieltes Team. Es machte Spaß mit Heinz, und er fuhr nach einem in der Wesermarsch üblichen Tee und dem obligatorischen Klönschnack in unserer gemütlichen Wohnküche fröhlich von dannen. Ich konnte das gesägte Holz aufräumen und einräumen, möglicherweise auch in Stücke hauen, das wirkte alles durchaus praktisch, befriedigend und gut. Aber ich war bei der ganzen Sache nie bei mir selbst. Ich fühlte mich unselbstständig – und war es ja letztlich auch.

Eines Tages war die Lösung mit dem vorbeikommenden und sägenden Schwiegervater ohnehin keine Lösung mehr. Heinz ging damals rüstig auf die Neunzig zu. Sicher, er sägt und werkelt bis heute in seinem Heimatort Jaderberg. Gewiss, es kam nie eine Klage über seine Lippen, dass ihn sein Schwiegersohn zum Arbeiten aufs Land bat oder gar mal sanft zwang. Aber irgendwann war uns allen in der Familie klar, dass es so nicht mehr weitergehen konnte. Nur, was sollte geschehen?

Hinzu kommt eine persönliche Aversion, die ich zu meinem Leidwesen als komplizierter, typisch deutscher Intellektueller auch noch ein Leben lang mit mir herumtrage, manch einer könnte denken: eine leichte psychische Schädigung. Sehr wahrscheinlich würde sie auf der Couch eines gewieften Psychiaters zu traumhaft vielen Euro-Zeichen in dessen Augen führen: Ich hasse Hilflosigkeit. Ich mag keine hilflosen Menschen. Ich verstehe sie nicht. Ich toleriere sie nicht. Zum Beispiel kann ich mich selbst in harmlosen Filmen über hilflose Personen furchtbar aufregen. Zum Ärger meiner genervt die Augen rollenden Frau.

Warum helfen die da im Fernsehen nicht umgehend dem armen Verletzten? Warum schießen die Angegriffenen nicht auf den nahenden Bösewicht? Wieso bricht der junge Typ seine wichtige und gut bezahlte Ausbildung ab, nur weil seine dicke Vorgesetzte ein bisschen zickig ist? Wieso lässt sich die gedemütigte Frau nicht umgehend scheiden, wenn der Kerl sie dauernd grün und blau schlägt? Wieso räumen die beiden jungen Männer nicht ihre Bude endlich auf, wenn die mit leeren Pappkartons, etlichen Kippen, Essensresten und leeren Bierflaschen völlig vermüllt ist?

Es gab und gibt tausend Szenen, auch in meiner privaten Umgebung, über die ich mich nicht nur innerlich aufregen kann. Und am schlimmsten ist es, wenn ich selbst in eine Hilflosigkeit gleite oder allein schon glaube, dass es so sein könnte. Das entfacht erst recht meine Kräfte, meine Energie und Ungeduld. Frei nach Mutters Devise: Du kannst, wenn du musst!

Fühle ich mich viel zu schnell gedemütigt, weil ich nichts so sehr fürchte, wie die Kontrolle über mich zu verlieren? Wer gibt sich schon gern und schnell geschlagen? Vielleicht riss mich in meinem Leben erfahrungsgemäß gerade der Widerstand aus einer meist eingebildeten Lethargie und Hilflosigkeit. Exempel gibt es dafür genug.

Ich hatte als sehr kleines Kind einen leichten Sprachfehler, mit dem meine überforderten und naturgemäß hilflosen Eltern nicht umgehen konnten. Gab es keine Logopäden? Nein, damals noch nicht, jedenfalls nicht für unsere Familie. Vater und Mutter schrien mich an, doch bitte richtig zu sprechen. Ich konnte kaum richtig laufen und zitterte, auf dem Fußboden hockend, bei jedem Anschreien. Vielleicht meinten sie, ich würde aus Bosheit Fehler machen und dauerndes Einreden auf das kleine Kind würde den Makel mit der Zeit schon beseitigen. So wie ein grober Besen letztlich alles säubert. Doch ich fand mit den Jahren und in der Not eine eigene Lösung. Ich hörte anderen noch besser zu und trainierte mir selbst den Sprachfehler ab. Fortan konnte ich den Sch-Laut bei Schulbeginn einigermaßen ohne Lispeln aussprechen.

Ich durfte nicht aufs Gymnasium, weil schon der Bruder aufs Gymnasium ging und wie so oft das liebe Geld in der Vertriebenenfamilie fehlte. Ich machte als Arbeiterkind über Umwege und auf dem zweiten Bildungsweg das Abitur nach, schleppte Einsen und Zweien wie Geschenke nach Hause.

Ich war nicht gut oder allenfalls mittelmäßig in einem bestimmten Schulfach, hasste besonders höhere Mathematik und das vermaledeite Englisch. Also stellte ich mir den Wecker eine Stunde früher als alle anderen in der Familie und paukte über Monate vor dem Unterricht, was das Zeug hielt. Natürlich erzählte ich keinem Schulkameraden davon – weil es peinlich war?

Ich wollte Deutschlehrer werden, es schien mir der einzige vernünftige Beruf für einen Kopfmenschen und eine Leseratte wie mich. Ich durchpflügte die deutsche Literatur rauf und runter und absolvierte ein Lehramtsstudium samt Referendariat.

Trotz eines hervorragenden Abschlusses in den beiden Staatsexamen durfte ich nicht als Gymnasiallehrer arbeiten, weil man damals mit Deutsch- und Geschichtslehrern der Sekundarstufe II die Straßen Niedersachsens pflastern konnte. Also ging ich so mutig wie mittellos nach Tübingen am Neckar, um bei einem berühmten Professor zu promovieren. Im Nachhinein erscheint es mir der waghalsigste Schritt meines Lebens. Die große kleine Geistesstadt in Schwaben hatte schließlich nicht gerade auf mich gewartet.

Ich hatte kein Stipendium, mir fehlte an allen Ecken und Enden das Geld für eine Dissertation in der Literaturwissenschaft mit dem Spezialgebiet Rhetorik. Also hieß es nebenher schuften, schob ich nachts Wache in einem Parkhaus, schrieb ich ein Schulbuch gegen viel zu wenig Geld und als freier Mitarbeiter mehr schlecht als recht bezahlte Artikel für Zeitungen, schränkte mich ein, behielt meinen klapprigen Käfer. Es gab niemanden, den ich nicht anpumpte. Am Ende verschaffte ich mir mühevoll für ein paar Jahre ein Stipendium.

Ich war jenseits von dreißig, fertig mit der Doktorarbeit, das Stipendium ausgelaufen, die Hochschule bot auf Dauer keine berufliche Perspektive. Also wurde ich Journalist. Ich konnte deshalb nicht in Tübingen bleiben. Also zog ich nach Bonn am Rhein, um in einer großen, überregionalen Zeitungsredaktion zu arbeiten. Die Mauer fiel für alle überraschend ein Jahr später. Warum sollte ich es auch einmal bequem haben? Mein Arbeitsplatz wurde vom Axel-Springer-Verlag umgehend nach Berlin verlegt. Und ich? Ich ging brav in die neue alte Hauptstadt. Der Wedding erwartete mich.

Muss ich mein Verhalten in dem Ordner „Rätsel meines Ichs" abheften?

Aber eigentlich hatte ich rückblickend nie den Luxus der Wahl. Fast alles wurde mir durch wirtschaftliche oder persönliche Notwendigkeit diktiert oder durch pure Plackerei erreicht. Ist denn so ein Stehvermögen eine Untugend? Im Nachhinein ist man bekanntlich immer schlauer. Ich sehe die Aufeinanderfolge als für mich existenzielle Prüfungssituationen. Sozusagen als Vorwärtsentwicklung in Fast-Katastrophen. Offenbar bin ich, wollte man es gemein formulieren, der ideale, stur rationale Anpasser im Kapitalismus. Oder, dann aber wesentlich positiver ausgedrückt, der geborene Selbsthelfer, der durch einen leichten psychischen Defekt seine Probleme nicht durch Flucht, sondern durch persönliche Tapferkeit kaschieren will. Ich lasse mich nicht gern unterkriegen.

War es ein holpriger, ein holziger Weg? Ja. Ich lebte, wohin mich der Wind trieb, wollte offenbar nie Wurzeln schlagen, weinte nicht bei jedem Abschied. Das Wort

Selbstmitleid habe ich längst zu einem Fremdwort erklärt. Ich bin persönlich mit mir im Reinen, meine gesammelten Probleme sehe ich als normal und allenfalls als menschenübliche Problemchen an. Sie haben mich, im Nachhinein betrachtet, nicht behindert. Mein ernsthafter Charakter war in der Jugend und im Studium vielleicht langweilig (besonders für die Mädchen), aber er war und ist ein wichtiger Teil von mir. Ich überwinde fast immer meine Angst. Ich zaudere ungern, ich hänge nicht an Orten und nichts war in meiner Biografie so beständig wie der Wandel. Nur wer sich verändert, bleibt sich treu, hat Wolf Biermann mal gesungen. Der Schriftsteller und Sänger, den ich persönlich kennenlernen durfte, hat recht. Ich sollte nicht zu streng mit mir sein. Kein Mensch ist perfekt, keiner gegen Fehler gefeit. Der Philosoph Friedrich Nietzsche hat das einmal fein auf den Punkt gebracht: „Wirf das Missvergnügen über dein Wesen ab! Verzeih dir dein eigenes Ich!“

Ich war nie gern abhängig, wollte immer für mich sorgen und hatte das in meinem Leben in schwierigsten Zeiten und etlichen Krisen immer so gehalten. Indes, wir konnten nach unserem Umzug aus Oldenburg in die Wesermarsch nur dann Holz machen, wenn Heinz etwas Zeit hatte und seine Motorsäge nicht versagte. Die stammte über viele Jahre aus einem Baumarkt um die Ecke, kostete wenig und hielt nicht lange. Heinz verfluchte regelmäßig das Gerät. Die Kette ging leicht ab, der Motor war schnell kaputt. Billig kommt bekanntlich teuer? Zynisch könnte man anmerken: So hatten wir wenigstens über Jahre immer wieder ein Weihnachtsgeschenk für ihn, wohl wissend, dass die billigsten Motorsägen nichts taugen und in den Baumärkten ungern repariert werden. Es waren Wegwerfprodukte, benutzerunfreundliche Apparate, für die es schon bald nach dem Kauf keine Ersatzteile mehr gab. Die Angelegenheit kostete Zeit, Geld und Nerven und war bestimmt nicht ökologisch.

Nicht nur dies war ein Anlass für eine gründliche Veränderung. Es wirkt im Nachhinein konsequent, dass ich irgendwann autark werden wollte mit meinen bald fünfzig Jahren. Zu Beginn blitzte da zunächst nur eine Idee auf, ein vager Gedanke. Ich wünschte mir auf einmal, selbstständig sägen zu können. Das war doch mal ein positiver, ein schöner Traum. Ein Wunschtraum. Den trug ich nun mit mir herum. Doch bevor er sich erfüllte, musste ich den inneren Schweinehund, meine heftige Angst vor der Motorsäge, überwinden. Andere hatten das doch auch geschafft. In schwachen Momenten hatte ich da schon innerlich mit mir selbst verhandelt, unter welchen Bedingungen ich vielleicht doch zur Motorsäge greifen würde. Aber das waren eben nur Gedanken.

Die Wende kam an einem Tag im Dezember. Ich sah bei einem Gang durchs Gelände unsere Holzvorräte an – ganz offensichtlich zu wenig für den gesamten Winter. Ich blickte auf den mächtigen Stapel mit dem ungesägten Holz. Ich dachte an Heinz, der eine schlimme Krankheit bekommen hatte, von der man nicht wusste, wie und wann sie enden würde. Einen Fremden zum Sägen auf unseren Wiesen anheuern? Gehacktes Holz in Mengen durch einen regionalen

Holzhändler anliefern und als Haufen vor die Scheune kippen lassen? Tatsächlich zur Tanke oder zum Baumarkt fahren und abgepacktes Kaminholz aus Osteuropa in einem rötlichen Netzsack kaufen? Mit garantiert geringer Restfeuchte und normiertem Holz, meist brennfreudiger Buche?

Offenbar reicht es nicht aus, einfach nur Angst zu haben. Es muss auch ein Problem hinzukommen, und sei es als ein Wink des Schicksals. Im Geschäft der Warengenossenschaft im Nachbarort Ovelgönne verkauften sie mir kein Holz. Das war keine böse Absicht. Man sah mich erstaunt an, als ich nach Brennholz fragte.: Hier hat doch jeder sein eigenes Holz!

Ich schaute verdutzt und murmelte irgendetwas Belangloses, was die Peinlichkeit mildern sollte. Die junge Frau an der Kasse blickte ziemlich herablassend zurück. Ähnliches hatte ich in Rastede im Ammerland erlebt, als ich auf eine Zinkwanne und grünes Gestänge auf einer Holzpalette starrte und die Verkäuferin im Baumarkt fragte, wo es denn nun die Schubkarren aus dem Angebot gebe. Die, so wurde ich belehrt, liegen doch vor Ihnen. Sie müssen die nur noch zusammenschrauben. Als ich skeptisch und wieder mal ein wenig zu laut wurde, sagte die Verkäuferin: Die drei Teile setzt bei uns der Schülerpraktikant zu einer Schubkarre zusammen.

Ich war unter das Niveau eines Praktikanten gesunken. So erging es mir nun auch in Ovelgönne: Noch ein ungeschickter Zugezogener aus der Stadt! Fertiges Brennholz in Holzland zu verkaufen, ist wohl so, als würde man den Inuit Kühlschränke andrehen wollen.

Allerdings hatte ich da bereits einen bestimmten kritischen Punkt in mir überwunden. Ich war bereit. Was unumstößlich sein sollte, war es plötzlich nicht mehr. Ich verscheuchte meine Anti-Motorsägen-Haltung entschlossen in eine hintere Ecke meines Gehirns. Ich hatte mich verändert, bevor ich es selbst so richtig wusste. Der Praktiker in mir siegte über den Bedenkenträger, der Macher wollte loslegen. Kein Holz zu haben, war schlicht nicht akzeptabel. Vor allem, weil wir das Brennholz vor unserer Haustür hatten.

Heinz kam am nächsten Samstag zum Sägen. Er war nicht beleidigt, nicht traurig, dass er bald nicht mehr – wenn alles gut lief – gebraucht würde. Im Gegenteil. Er erteilte mir allerersten Unterricht, machte mir Mut, hielt mir die Säge hin.
„Wirf sie mal an!"
„Ich?", sagte ich ziemlich dämlich.
Heinz nickte, in der Wesermarsch spricht man nicht zu viel. Was ich als wohltuend empfinde.

Ich stellte die Säge auf die Erde, den Hauptschalter auf den Choke, hielt gleichzeitig den Gashebel dabei fest. So hatte Heinz das gemacht, wenn er das Gerät anwarf. Also machte ich das nach.
„Dann mach mal."

Und ich machte, setzte die Fußspitze in den hinteren Handgriff der Säge. Anschließend ging ich viel zu überhastet zu Werke, viel zu schnell zog ist das Anwerfseil bis zum Endpunkt. Die Maschine rührte sich nicht, gab nur ein gequältes Krächzen von sich.

„Nochmal. Langsamer."

Beim dritten Mal klappte es. Die Maschine sprang kurz an. Und ging wieder aus. Daran musste ich mich gewöhnen, denn jetzt war erst einmal der Schalter, der Kombihebel, auf die Stufe 1, also das Startgas (Halbgas), zu positionieren. Dann das Ganze noch einmal. Beim dritten Mal Seilziehen erklang ein tüchtiges Geheul, die Säge lief ohne mein weiteres Dazutun. Und zwar ohne Unterlass. Ich zuckte zurück.
„Bedien' den Gashebel, kurz."

Die Maschine war also sichtlich an, ich drückte den Gashebel, die Kette stoppte sofort und lief nur noch im Leerlauf. Heinz nickte zufrieden. Und sägte dann eine Runde Holz für uns. Denn ich traute mich immer noch nicht.

Die allerschlimmste Angst war weg. Vorsicht und Bedenken blieben, wie es meinem Charakter eigen ist. Ich hatte den bequemen Weg verlassen, fühlte mich kräftig genug, mit den Hürden und Hindernissen fertig zu werden, die mich erwarteten. Ich arbeitete schon mal in Gedanken beharrlich ab, was problematisch war, war entschlossen wie ein Soldat, der gegen sich selbst in den Krieg zieht, wollte Nägel mit Köpfen machen. Noch war Heinz unser Holzkönig. Das Thema Sicherheit? Ich würde dazulernen müssen, mich schulen und mich entsprechend verhalten und kleiden müssen. Die Säge hatte ich nun von Heinz zur Verfügung bekommen. Und hatte ich nicht irgendwo gelesen, dass die Angst letztlich die Triebkraft aller Triebkräfte ist? Was wäre ich ohne meine Angst geworden? Ein verkrachter Student, der nett, aber mittellos in einer

Kneipe jobbt? Ein gelernter Lehrer, der lange arbeitslos ist, aber als Taxifahrer sehr gebildet mit seinen Gästen plaudern kann? Ein abgebrochener Doktorand, der Werbebroschüren lektoriert und Gelegenheitsjobs übernimmt?

Krisen verlaufen niemals ohne Schwierigkeiten. Veränderungen tiefgreifender Natur sind in meinen Augen stets Trennungen. Altes und Abgearbeitetes bleibt zurück. Ich musste mich wandeln, musste Abschied nehmen von meiner Gemütlichkeit. So banal das auf den ersten Blick und gerade im Nachhinein wirkt: Es ist letztlich ein schmerzhafter Vorgang. Solche Wandlungs- und vielleicht sogar Erneuerungssituationen durchziehen als Grunderfahrung unser aller Leben. Neues formt sich, häufig genug leider nur in der Vorstellung. Wer träumt nicht mal vom Noch-einmal-von-vorne-Anfangen? Von der richtigen Entscheidung an der Gabelung des Weges?

Ich wollte richtig abbiegen. Mir reichte das schöne Träumen nicht mehr. Ich wollte mehr. Es tat gut, im Aufbruch zu sein.

Tätigkeit ist der wahre Genuss des Lebens,
ja das Leben selbst.

August Wilhelm von Schlegel

DAS SÄGEN

Jetzt war ich Teil der Lösung, nicht mehr des Problems. Nur, seine eigenen Probleme zu lösen, ist ein verdammt hartes Geschäft, schließlich betrat ich Neuland. Aber ich laufe nicht mehr vor einer Freiheit fort, die in Reichweite ist. Ohne großes Grübeln ging es gleich praktisch los. Heinz garantierte mir noch einmal, dass ich seine Motorsäge weiter nutzen dürfe. Der alte Mann verlor darüber nur wenige Worte, übergab mir die Stihl fast feierlich und ich hege und pflege sie bis heute. Stolz marschierte ich umgehend zu meiner Frau. Sie würde überrascht sein, davon war ich überzeugt. Sie würde mich bewundern, das war sicher. Schließlich nutzte mein Entschluss unserem Kamin, unserer Gemütlichkeit und unserer Heizungsabrechnung.

Indes, als ich meiner Frau sichtlich stolz und mit wohlgesetzten Formulierungen meine Entscheidung, meine innere Totalumkehr mitteilte, war sie nicht etwa verblüfft, beeindruckt oder, wie man als männlicher Held im eigenen Haus naturgemäß erwartet, begeistert. Im Gegenteil. Sie habe insgeheim selbst schon mal daran gedacht, ins ja wohl notwendige Brennholzsägen einzusteigen, wurde mir emotionslos mitgeteilt. Das klang in meinen wie immer empfindsamen Ohren wie ein kleiner Vorwurf und wie eine leichte Herabwürdigung meines Entschlusses.

Jedenfalls war ich kurz eingeschnappt. Wie so oft im Leben freute ich mich mehr als alle anderen über meine

Leistung und Entscheidung. Vielleicht ist das eine sehr deutsche Sache, dachte ich mir zurecht, dass man die gute Absicht oder den Erfolg eines anderen eher dezent bis gleichgültig zur Kenntnis nimmt. Letztlich musste es mir aber völlig egal sein, ich muss nur vor mir selbst bestehen.

Heinz hatte sich zum Glück vor geraumer Zeit eine gute Stihl-Säge zugelegt, endlich deutsche Wertarbeit von einem Weltmarktführer, womit ich nichts gegen japanische, schwedische oder amerikanische Modelle sagen möchte. Aber unter uns: Die von mir bis heute neben anderen Motorsägen genutzte MS 171 von 2008 scheint eine technisch ausgereifte Motorsäge fürs Leben zu sein. Sie ist robust und stark, nicht zu schwer und äußerst zuverlässig.

Meine spezielle Motorsägen-Angst lauerte zwar noch leicht im Hintergrund, ich arbeitete sie aber, so hoffte ich, über die Zeit kontrolliert ab. Wie andere ihre Flugangst wegtherapieren, so wollte ich mit einem passenden Motorsägen-Kurs gegensteuern. Mit der gewonnenen Sicherheit plante ich dann, selbstständig zu sägen. Ohne Heinz hätte ich nicht einmal an einen Kurs denken können. Ich hätte nicht mal gewusst, wie man das Gerät richtig hält oder anwirft. Das wäre im Kurs peinlich geworden, ein wenig Vorkenntnis tat gut.

Ein weiteres Mal würde ich also in meinem Leben etwas machen, was ich garantiert nicht machen wollte. Was hatte ich mir als junger Mann geschworen, niemals zu tun? – Ich wollte niemals heiraten, niemals ein Haus bauen und niemals aufs Land ziehen! Das war für mich die kleinbürgerliche Dreifaltigkeit schlechthin. Man ahnt, wie es im Laufe der Jahre kam.

Heute wohnen wir glücklich in der nordwestdeutschen Pampa, in der südlichen Wesermarsch. Dort, wo einige gehässige Bekannte von mir behaupten, man nicht einmal nachts tot überm Zaun hängen möchte, dort fühlen wir uns sauwohl. Das alte, kaputte Reetdachhaus haben wir nach unseren Wünschen völlig neu bauen lassen – irgendwas zwischen Ferien- und Bauernhaus. Und vor vielen Jahren habe ich die beste aller Frauen geheiratet. Warum sollte ich, der ein Auto fährt, E-Mails verschickt und die Geschirrspülmaschine bedient, nicht auch mit einer Motorsäge arbeiten können?

In unserer Nähe gibt es mehrere Fachhändler für all jene Motorgeräte, die in der Landwirtschaft und im Garten eingesetzt werden. Diese Geschäfte verkaufen an Profis genauso wie an Laien und natürlich an die immer zahlreicher werdenden neuen Landbewohner. Die Händler haben herrliche, oft knallrote oder orange Rasentraktoren, kernige Rasenmäher, Motorsensen, Gartenhäcksler, Motorhacken, Heckenscheren, etliche Blasgeräte für Laub und Staub und tausend andere spannende Maschinen in ihren Verkaufsräumen stehen, die ich als Erwachsener betrete wie ein Kind ein knallbunt lockendes Spielzeuggeschäft. In solchen Momenten könnte man schnippisch glauben, ich durchlebte eine zweite Pubertät angesichts der zahlreichen Männerspielzeuge.

Tatsächlich kann ich mich gar nicht satt genug sehen an dieser heimeligen, urtümlichen Welt aus glänzenden Metallen, drapierten Motorsägen aller Art, den attraktiven Waldbildern an den Wänden der Verkaufsräume. Hier wird einem alles über Einspritzmotoren, Benzingemische, Geräte, Akkus und Wartung erzählt, und selbst wenn man nur die Hälfte davon kapiert und als Anfänger bloß auf den Preis der Ware schielt, macht das Zuhören und Hinschauen wahnsinnigen Spaß. Nicht nur in diesen Verkaufsräumen machte ich die Erfahrung, dass es gut ankommt, mit offenen Karten zu spielen. Also sage ich stets von Anfang an zu Fachleuten, dass ich von bestimmten Apparaten oder Abläufen keinerlei Ahnung habe. Ich kann in dieser Beziehung furchtbar ehrlich sein, gelegentlich so extrem, dass es an Taktlosigkeit grenzt. Angeberei ist meine Sache nicht. Der Fachmann soll es mir dann erklären oder beibringen. Nur bitte auch wieder nicht zu genau, denn lange, womöglich langweilige Vorträge und unnötiges Wissen nerven mich unverschämt schnell.

Meine Frau kann dieses Verhalten auch nach vielen Jahren des Zusammenlebens überhaupt nicht akzeptieren, findet meine Einstellung manchmal komisch, meist unfreundlich und löchert mich dann im Umkehrschluss mit entsprechenden Fragen: Willst du denn gar nicht wissen, wie dies oder jenes funktioniert?

Nein, will ich nicht. Schließlich telefoniere ich ja auch wie Millionen andere Menschen, ohne genau zu wissen, wie unser Telefon funktioniert. Ich benutze die Maschinen, ich muss nicht ihr Inneres nachbauen. Ja, ich weiß, das bedeutet folgerichtig, ich kann nicht haargenau erklären, was im Innern einer Motorsäge vor sich geht. Es interessiert mich auch nicht tiefer, da ich ohnehin zu wenig Geschicklichkeit mitbringe, um einen Vergaser auseinanderzunehmen oder die Ölpumpe zu wechseln. Als Journalist habe ich über Jahrzehnte am Bildschirm Texte bearbeitet, Überschriften kreiert, Vorspänne geschrieben, Zeitungsseiten layoutet, Bilder eingeklinkt und dergleichen mehr. Wie gedruckt wird, habe ich nie kapiert und, ehrlich gesagt, nie wissen wollen. Wozu auch? Mir geht es da wie mit unserem Auto: Ich benutze es, um von A nach B zu kommen. Den Motor muss ich doch nicht erklären können.

Etwas kenne ich natürlich, meine liebe Motorsäge, das Notwendige beherrsche ich mithilfe von Heinz. Man darf eine Motorsäge schließlich nicht vernachlässigen, sie verzeiht keine groben Fehler und Unaufmerksamkeiten. Und ich habe am Anfang viele Fehler gemacht. Einer davon war meine erste Motorsäge einfach so in den Kofferraum meines neuen Dacia zu laden. Einmal davon abgesehen, dass es auf unseren unruhigen, holprigen Straßen beim Transport ein paarmal hinten im Fahrzeug ordentlich rumste, hinterließ das gute Stück etliche Ölflecken auf dem sauberen Boden des Kofferraums.

Dann machte ich als aufgebrachter Mann den zweiten Fehler. Ich fuhr umgehend empört zum Motorgerätehändler meines Vertrauens – ich befürchtete, die bei ihm frisch gekaufte Säge würde Schmieröl verlieren, weil sie einen Defekt hat. Hatte sie aber nicht, wie mir der Händler lächelnd und überzeugend erklärte. Jede ordentliche Motorsäge verliert schon mal ein paar Tropfen Öl – ungefähr so wie jedes Schiff auch immer etwas Wasser aufnimmt. Seitdem hebe ich ein paar Pappen von alten Kartons auf, die ich beim Transport, am besten unten vorn beim Beifahrersitz, unter die Maschine lege. Und ich lasse sie ein wenig ölen, die Motorsäge, das muss sein. Dabei achte ich beim Ölen, soweit das möglich ist, auf abbaubare Schmierstoffe, was für jeden natürlichen Boden nur gut sein kann.

Mittlerweile gibt es neben Elektrosägen mit Kabel und klassischen Benzinmotorsägen längst auch Akkusägen in unübersichtlicher Zahl und Art zu kaufen. Sie drängen verstärkt in den Markt und holen in Leistung und Qualität seit der letzten Energiewende auf. Aber für die Profis in der Waldarbeit gibt es noch kein überzeugendes Modell, allenfalls für Zimmermänner und Dachdecker. Die Ketten sind einfach zu schmal, die Leistung ist zu gering. Generell eignen sich die Akkusägen gerade für den städtischen Bereich, denn sie sind leise, ökologisch und gesellschaftlich akzeptiert – wenn man keine tieferen Gedanken daran verschwendet, wohin ein kaputter Akku am einstigen Ende des Gerätes verschwindet. Wir hoffen nicht, dass es Afrika ist, wo Kinderhände die Akkus auseinanderfummeln müssen. Und werden für Akkus nicht seltene Erden abgebaut und Menschen in fernen Regionen ausgebeutet?

Ich halte es, nicht zuletzt wegen unserer Abgeschiedenheit in der Wesermarsch, auch aufgrund der weiten Wege auf die Wiesen, mit den traditionellen Motorsägen auf der Basis von Verbrennungsmotoren, also mit wahren

Kraftpaketen, denen ich mehr vertraue und die ich mit einem Gemisch betreibe. Diese Art von hochwertigen Brennholzsägen kann man als Einstiegsmodell ab etwa 200 Euro von namhaften Firmen kaufen. Anders als gedacht, sind Akkusägen übrigens nicht automatisch viel leichter. Die Akkusäge an sich hat zwar wenig Gewicht, wenn man sie mit einer Hand greift, aber sobald man einen starken Akku hineinsteckt, verändert sich dieser Zustand dramatisch.

Meine beiden Stihl-Sägen haben jeweils etwa zwei bis drei PS, sie wiegen unbetankt ungefähr vier bis fünf Kilogramm. Das ist ganz ordentlich, aber noch handhabbar, wenn man bedenkt, dass die Säge bei ihrer Arbeit ja meist auf dem Stamm liegt und man nicht von morgens bis abends herumsägt, wovon dringend abzuraten ist. Und nicht vergessen werden darf, dass Motorsägen noch vor hundert Jahren mehrere Zentner wogen, nur senkrechte Schnitte ausführen konnten und von zwei Personen bedient werden mussten – von wegen gute alte Zeit. Erst seit Ende der Fünfzigerjahre des zwanzigsten Jahrhunderts gibt es überhaupt Einmannsägen zu kaufen.

Hervorragende Akkusägen sind nicht unbedingt preiswerter, zumal man neben einer guten Säge einen kräftigen Akku und dazu ein hoffentlich schnell arbeitendes Ladegerät benötigt. Dass die beiden Teile unabdingbar sind und oft zusätzlich erstanden werden müssen, wird beim Kaufpreis leider oft nicht deutlich, sondern in das Kleingedruckte verdrängt. Das ganze Akku-Säge-Paket kann dann leicht die Eintausend-Euro-Marke überschreiten. Wenn man einen weiteren Akku zur Sicherheit wegen einer länger geplanten Sägerei hinzukauft, wird es durch diesen Ersatz-Akku noch wesentlich teurer. Anders als meine Benziner muss man die Akkusägen samt Zubehör warm und trocken, also am besten im Haus lagern. Akkus und Ladegeräte reagieren empfindlich auf Kälte und Feuchtigkeit.

Was die Führungsschiene betrifft – und damit auch die Maße der Sägekette – so setze ich als Nicht-Profi auf dreißig beziehungsweise fünfunddreißig Zentimeter Schwertlänge. Das reicht dem Freizeitsäger für kleinere Bäume und ist ideal für die Herstellung von Brennholz. Für das ganz kleine Holz, gerade das Anzündholz, habe ich mir eine vielseitige Einhandsäge zugelegt, die ich zwischendurch nutze. Diese Art Holz, brachte man mir bei, wird hier gern Sprickelholz genannt. Bei dem Gerät mit etwa zwölf Zentimetern Schiene ist der Wechsel von Kette oder Schiene ohne Werkzeug problemlos möglich. Spätestens bei sieben oder acht Zentimetern Durchmesser eines Astes hat diese Art Säge aber auch ihr Limit erreicht.

Das Gute ist, für diese Kleinsäge benötige ich nur eine Hand und nicht die gesamte Schnittschutzausrüstung, aber bitte die Schutzbrille. Da macht das Arbeiten Spaß und alles funktioniert in diesem Fall auch sehr gut mit einem Akku, weil es sich zum Beispiel bei der GTA 26 von Stihl nicht um eine klassische Motorsäge, sondern um einen sogenannten Gehölzschneider handelt. Solche Akku-Minikettensägen gibt es auch von Bosch, Einhell oder Husqvarna. Es ist ein handlicher Helfer beim Zerkleinern von Grünzeug und nützt beim Rückschnitt von Obstbäumen und Sträuchern. Ab und zu kann ich damit sogar Bretter relativ gerade zurechtsägen.

Will ich nur in einigen Metern Höhe dickere Äste loswerden, leihe ich mir ohnehin gegen Stundenhonorar einen sogenannten Hoch-Entaster beim Motorgerätehändler. Am unteren Ende, da, wo man mit den Händen zupackt, sitzt bei diesen Apparaten der Motor, in vier, fünf Metern Höhe der Sägekopf. Das Ganze verbindet eine stabile Stange. Diese teuren, leider ziemlich schweren Spezialgeräte lohnen kaum den privaten Ankauf, weil man sie viel zu selten nutzt. Auf die Leiter zu steigen und mit seiner üblichen Säge in schwindelnder Höhe womöglich mit einer Hand herumzusäbeln, empfiehlt sich übrigens gar nicht. Eine Zeit lang dachte ich trotzdem darüber nach, mir für solche Fälle eine extrem leichte Einhand-Motorsäge zuzulegen. Die gibt es ja schließlich. Und eine begeisterte mich besonders – beim Blättern in einem Katalog. Was würde das für einen Spaß machen, in einer Baumkrone, gar im Wipfel etwas Totholz oder schiefe Äste abzusägen! Geradezu herumzuturnen mit leichter Säge und großer Freude. Die Frau würde aus sicherem Abstand von unten zuschauen, wie ihr Göttergatte wie ein Kletteraffe in höchsten Höhen arbeitet.

Beim Fachhändler war der Traum dann leider ausgeträumt. Nur geschulte Anwender, so wurde ich belehrt, sollten solche Sägen erwerben und benutzen. Das sei viel zu gefährlich angesichts der eingeschränkten Bewegungsfreiheit im Baum. Folgerichtig beließ ich es beim geliehenen Hochentaster.

Ich hatte nun zumindest mit der Stihl 171 eine Motorsäge – die ich bald durch eine zweite mit etwas längerem Schwert ergänzte, in den Augen meiner Frau ein purer Luxus, in meinen naturgemäß eine absolute Notwendigkeit. Was aber fehlte, war nach wie vor ein Sägekurs für den Laien. Doch brauchte ich überhaupt einen Kurs? Ich hatte doch Heinz immer interessiert zugesehen.

Das waren Erfahrungen aus zweiter Hand, als langjähriger Beifahrer habe ich auch nicht unmittelbar einen Kfz-Führerschein machen können. Der erste Motorgeräte-Händler, den ich im Nachbardorf nach einem Kurs fragte, schüttelte erstaunt den Kopf. Bei ihm nicht. Wieder eine Absage, wieder mit der ortsüblichen Begründung. Sägen konnte man hier einfach, wurde vorausgesetzt, saugte man mit der Muttermilch der Wesermarsch auf. Im gleichen Atemzug wurde ich auch ungefragt darüber aufgeklärt, wie es mit dem Lärmschutz auf dem Lande aussieht. Den kann man im Grunde vergessen, und das ist vielleicht auch gut so.

Benzinmotorsägen dürfen in Deutschland offiziell nicht sonn- und feiertags genutzt werden, Gleiches gilt an Werktagen von zwanzig bis sieben Uhr morgens. Zum Glück für viele mit Holz Arbeitende gilt der Samstag als ein Werktag. Und dann sagte der Händler etwas leiser: Außerdem ist hier ein landwirtschaftlich genutztes Gebiet, da gibt es immer irgendwo Radau und für jeden Bauern zu jeder Zeit was zu tun. Was den Sägekurs betraf, so verwies der Motorgerätespezialist den wohl in seinen Augen zugezogenen Möchtegern-Bauern, intellektuellen Eierkopf und potentiellen Brennholzsäger, also mich, etwas pikiert auf die Volkshochschule der Wesermarsch, die, wie ich feststellte, tatsächlich Motorsägen-Kurse anbietet. Aber leider eher selten und geografisch recht weit entfernt.

Ein zufällig entdeckter Artikel im Lokalteil unserer Regionalzeitung brachte bald die Lösung: Ganz in der Nähe lebt Marco zu Stolberg, ein erfahrener und kluger Forstwirt. Sein Beruf ist das Fällen und Pflanzen von Bäumen. Marco ist ein Waldbauer. Nebenbei sorgt er für Schulungen. Man kann mit ihm Carports, Zäune oder sogar ganze Blockhäuser bauen. Und er gibt eben auch Kurse für den Erwerb des sogenannten Motorsägen-Scheins. Der verschafft dir nicht nur Sicherheit, erklärte er mir am Telefon, der erlaubt dir auch, in einem Wald außerhalb deines Privatgeländes Holz zu sägen – ohne den staatlich verordneten Säge-Schein geht das nicht, erläuterte er. Zu oft habe es Unfälle gegeben, zu oft hätten Förster, die stets vorm Sägen informiert werden müssen, die Schwerverletzten aus dem Wald bergen müssen. Die Versicherungsfrage sei bis heute ungeklärt.

Ich meldete mich zu einem Kurs an und freute mich wie Bolle darauf. Nicht nur wegen der anhaltenden Energiekrise sind diese Schulungen heutzutage fast immer ausgebucht, es gibt sogar Wartezeiten. Ein Kurs kostet ungefähr zweihundert Euro, zählt zwischen fünf und acht Teilnehmern und dauert in der Regel zwei Tage, man kann ihn also gut an einem Wochenende absolvieren. Ein Tag davon ist der Sicherheit und Theorie gewidmet, der zweite der Praxis des Fällens („normaler Baum, Seitenhänger, Rückhänger, Vorhänger"). Theorie? Ja, Theorie ist wichtig. Wie schütze ich mich vor furchtbaren Unfällen – eine Säge ist kein glatt schneidendes Messer. Sie hinterlässt Fransen und Ausrisse. Sie holt mit extremster Geschwindigkeit Stücke aus dem Holz heraus. Was taugen die Schutzanzüge, was tatsächlich die speziellen Stiefel? Schließlich sind Sicherheitsschuhe nicht schon deshalb Schnittschutzschuhe, nur weil sie vorn eine Stahlkappe haben. Wie sieht „korrektes Zufallbringen" aus? Als ewiger Bücherwurm, der ich bin und bleibe, lernte ich wahrscheinlich bald etwas total Handfestes.

Der erste Tag des Kurses fand im Spritzenhaus der dörflichen Feuerwehr statt. Marco zu Stolberg schwenkte seine seit Jahren sichtlich gut genutzte Stihl-Säge vor unseren Augen herum. Er zeigte so, warum man nicht unbedingt teure Spezialhandschuhe braucht: Hat man beide Hände an der Motorsäge, ist es technisch unmöglich, sich selbst in die Hand zu sägen. Anders gesagt, eine Motorsäge muss beim Arbeiten stets mit beiden Händen geführt werden, wobei die linke Hand den vorderen Griff umgreift, der näher an der Sägeschiene liegt. Und die andere Hand soll dahinter so positioniert sein, dass der Zeigefinger oder Daumen den Gashebel bedienen kann. Seit Marco mir das gezeigt hat, kaufe ich mir nur noch Arbeitshandschuhe beim Discounter – die etwas dickeren, raueren, nicht die der dünnen Sorte. Sie werden auch gern Winter-Arbeitshandschuhe genannt, bestehen überwiegend aus Latex und bieten durch ihre strukturierte Beschichtung eine hohe Rutsch- und Grifffestigkeit. Diese Handschuhe kosten vier bis fünf Euro und halten eine Saison lang. Man muss dabei auf seine Handgröße achten. Wer sonst nie Handschuhe kauft, sollte sie also unbedingt anprobieren, es gibt keine Einheitsgröße. Waschen kann man diese Arbeitshandschuhe in der Regel nicht, sie laufen dann ein oder verschrumpeln zu einem klumpigen Etwas.

Von einer lieben Nachbarin habe ich noch einen tollen Tipp zu den Handschuhen bekommen. Sie, die sehr viel gärtnert, Blumen über Blumen pflanzt und täglich wie eine Wühlmaus in der Erde aktiv ist, empfahl, Einmalhandschuhe unter die eigentlichen Arbeitshandschuhe zu ziehen. Dadurch verhindert man direkten Schmutz und zu viel Nässe auf der gestressten Haut. Aber können Handschuhe denn krank machen?

Ja, sie können. Ich habe es leider erfahren müssen.

Im ersten Winter auf dem Land habe ich meine ewig dreckigen Arbeitshandschuhe bewusst in unserer Scheune liegen gelassen. Wer will so etwas schon in der Wohnung haben? Die Scheune ist zwar, von Löchern im Ziegeldach und zwischen den Brettern der Seitenwände abgesehen, weitgehend geschlossen, aber doch leicht dem Wind und dem Wetter ausgesetzt. Es ist in Herbst und Winter feucht und kalt darin, die Handschuhe trocknen bei ungünstiger Witterung nicht.

Nach einigen Wochen hatte ich prompt eine Entzündung an mehreren Fingerspitzen. Die war schmerzhaft und eine

Zeit lang auch blutig, die Fingerkuppen rissen auf und wollten nicht gesunden. Vom ratlosen Hausarzt ging es zum Hautarzt. Der behandelte, wie so oft in der modernen Medizin, nur die Erscheinung, nicht die Ursache, wie ich im Laufe der darauffolgenden Wochen merkte. Mit dem Ergebnis, dass ich mit teuren Tinkturen und etlichen Salben hantierte, fast unseren Fußboden im Badezimmer damit ruinierte, ohne dass die entzündlichen und schmerzenden Stellen richtig heilten.

Fingerkuppen sind äußerst empfindliche Stellen, und ich, der ich ständig Texte mit den Fingern auf der Tastatur tippe, konnte kaum mehr arbeiten. Jeder Tastendruck wurde zur Qual. Nachts streifte ich Baumwollhandschuhe über die eingeriebenen Stellen. Aber nichts half. Erst Monate später bekam ich das Problem in den Griff. Ich selbst hatte verzweifelt nach der Ursache der Entzündungen gesucht und die verschmutzten, feuchten Handschuhe in der Scheune ausgemacht, ein Paradies für Keime, Erreger, Schädlinge und Schadstoffe – deshalb die Einmalhandschuhe aus dünnem Plastik unter den eigentlichen Arbeitshandschuhen.

Die Plastikhandschuhe gibt es preiswert in Hunderter-Packungen beispielsweise schon für ein paar Euro beim Discounter zu kaufen. Nitrilhandschuhe sind noch nicht lange auf dem Markt, haben es aber inzwischen geschafft, den Rang als beliebteste Einweghandschuhe an die Latexversion abzutreten. Vorteilhaft bei den Nitrilhandschuhen ist, dass keine Allergie ausgelöst werden kann. Darunter schwitzt man oft mächtig, die Teile sind dadurch natürlich feucht, und wenn man sie auszieht, kann man sie auswringen. Aber bitte, sie heißen Einmalhandschuhe, damit man sie nach Gebrauch in den Gelben Sack wirft und nicht vor lauter Geiz noch mal am nächsten Tag verwendet!

Oft habe ich bei Fremden das Erstaunen wahrgenommen, wenn ich zufällig mit weißlichen Plastikhandschuhen auf unserem Gelände angetroffen wurde. Wahrscheinlich denken die, ich sei eine Billigausgabe von Michael Jackson, der allerdings nur einen weißen, noch dazu glitzernden Handschuh zu seinem Markenzeichen entwickelte. Das Schöne am Landleben ist, dass man nicht dauernd beguckt und bewertet wird. Kleidung muss hier funktionell, nicht chic sein. Sie muss zum Wetter und zur Witterung passen. Wie war das vor Jahrzehnten? Was sagten die Offiziere zu uns? Bei Regen findet der Krieg im Saal statt, motivierten sie uns verzärtelte Rekruten in der tiefsten Eifel, wenn wir während der Ausbildung bei Regen durchs Gras robbten und über Matsch meckerten. Den Spruch, es gäbe kein falsches Wetter, sondern nur die falsche Kleidung, habe ich in meinem Leben in vielen Variationen und von etlichen Generationen gehört. Tatsächlich kann man in fast jeder Wetterlage Brennholz sägen – und sollte es auch, solange keine Rutsch- oder Stolpergefahr besteht, solange nicht gerade Gewitter, überfrierender Regen oder Schneeregen herrschen.

Ich möchte nicht tiefer darüber nachdenken, wie ich wirke, wenn ich auf dem Land in meiner Kluft arbeite. Wahrscheinlich einschließlich der Plastikhandschuhe wie eine wandelnde Vogelscheuche oder ein schon lange wohnungsloser Mann. Schließlich bevorzuge ich extrem praktische, alte, abgetragene Kleidung für draußen. Dazu gehören ganze Serien abgewetzter T-Shirts und schwarzer Polo-Shirts, preiswerteste Jeans von Aldi, durchgescheuerte Hemden, altmodische, dicke Pullis, ausgeleierte Jogginghosen, olle Rollkragenpullover, billigste Wetterjacken, die nach und nach Löcher und Risse bekommen – alles ist zum Wärmen brauchbar bis hin zu langen Unterhosen, die ich als Kind als furchtbar spießig verabscheut habe. Würde ich im Stadtgebiet auch so im Gärtchen den Rasen mähen? Nein, natürlich nicht. Aber hier ruiniert das kein Image, keiner lacht, keiner guckt komisch, hier interessiert es keinen Menschen. Und das ist gut so.

Eines meiner Lieblingsstücke ist eine graugrüne Kopfbedeckung im Fliegermützen-Stil. Daran sind dicke Klappen, die an den Ohren flauschig anliegen und super warm halten. Zum Glück ist das gefütterte Teil bei vierzig Grad gut waschbar, sonst wäre es nach dem Willen meiner Frau längst im Müll gelandet. Die Russenmütze, wie ich sie nenne, die lustige und praktische Kopfbedeckung, für ein paar Euro in einem Supermarkt erstanden, erfüllt an kalten Tagen ihren Zweck, denn Winterzeit ist klassische Sägezeit. Übrigens ist diese Art von Mütze ein Klassiker, der aus der sibirischen Kälte kommt. In der arktischen Taiga nennt man sie Schapka. Das Teil passt also schon vom Namen her hervorragend zu mir. Und wenn die alten Klamotten ganz durch sind, dann taugen die Plünnen immer noch zum Abwischen von Öl an der Maschine oder von Dreck an der Kleidung. Man muss keine Schmutzlappen kaufen, sollte sich aber eine leider ziemlich teure Schnittschutzhose, gern als praktische Latzhose, und unbedingt fürs Sägen zugelassene Gummistiefel oder hochschaftige Schnürstiefel neu zulegen. Die Gummistiefel sind gut bei Nässe und Matsch, die Schnürstiefel bei trockenem Boden. Die Schutzhose sollte so weit geschnitten sein, dass noch eine Jeans darunter passt. Gerade bei Minustemperaturen tut das gut.

Technik allein ist längst noch kein Ersatz für Sicherheit, aber ein gut sitzender Helm mit einem herunterklappbaren Visier und natürlich einem dicken Gehörschutz müssen ebenfalls sein. Es besteht sonst das Risiko eines Hörverlustes durch viel zu hohe Lautstärken. Für ein paar Sekunden oder wenige Minuten mag das bei einer losknatternden Motorsäge gut gehen, doch Mediziner warnen: Die Auswirkungen können sich im Laufe des Lebens aufsummieren und zum Gehörverlust führen. Das Problem Lärmpegel existiert also nicht nur in Diskotheken oder durch MP3-Player-Kopfhörer. Im Falle des Falles ist sogar der Gehörschutz an allererster Stelle zu sehen, dann folgt eine Brille, die vor Spänen und kleinen Steinen schützt.

Nach dem Kurs – man wird natürlich auch in der Wartung seines Geräts gut geschult – konnte ich die Säge fast mit verbundenen Augen auseinandernehmen. Na ja, wenigstens die wichtigsten Teile aufschrauben. Wie einst als Rekrut das Gewehr G3 bei der Bundeswehr. Ich reinige nach dem Sägen ganz diszipliniert und routinemäßig die

Teile, fülle jedes Mal zuerst das Kettenöl, dann die Benzinmischung für den Kleinmotor nach. Das ist in der Regel ganz einfach ohne Werkzeug möglich, selbst mit nassen, rutschigen Händen. Niemals darf es reines Autobenzin sein, das den Motor zerstören würde. Es gibt regelrechte halbphilosophische Debatten darüber, was zum Betanken besser ist: zum Beispiel das von Stihl verkaufte, firmeneigene, fertig gemischte Motomix (teuer, aber sehr lange haltbar) oder eine selbst hergestellte, preiswerte Mischung mit einer kleinen Tube 2-Takt-Motorenöl und hinzugemischten fünf Litern Normalbenzin.

Wer selbst mixt, muss peinlich darauf achten, exakt fünf Liter Benzin von der Tankstelle zu holen, sonst stimmt die Sache nicht. Leider hält die eigene, viel billigere Kraftstoffmischung nicht lange, während ein Produkt wie Motomix da unempfindlich ist. Eigene Mischungen sind für zwei, drei Monate Nutzung gedacht, dann trennt sich das Gemisch unwiederbringlich, da kann man den Kanister noch so wild schütteln. Nach meiner Erfahrung geht der Motor der Säge nicht gleich kaputt, wenn es ausnahmsweise ein paar Tage mehr werden. Erfahrene Forstwirte wie Marco zu Stolberg meinen sogar, dass die Mischungen im Sommer fünf bis sechs Monate, im Winter zehn bis elf Monate halten. Man sollte aber unbedingt auf dem entsprechenden Behälter das Datum der Herstellung der Mischung notieren. Abgelaufene Reste von Mischöl kann man bei örtlichen Deponien abgeben, meist sogar kostenfrei.

Auch das Wechseln einer Sägekette gehört selbstredend zum Lehrstoff in einem Sägekurs. Eine Kette ist dann gut eingespannt, wenn man sie noch mit der Hand (und natürlich mit Arbeitshandschuhen) auf der Schiene durchziehen kann. Und sie sollte eng an der Schiene liegen. Das Schärfen der Kette ist in meinen Augen etwas für Feinmotoriker. Ich kann noch so intensiv durch meine Lesebrille starren, aber der Abstand zwischen den einzelnen Gliedern der Kette oder das Verhältnis zum Tiefenbegrenzer, zu Schärfwinkel, Schienennut oder Treibglied ist mir ein Buch mit sieben Siegeln. Schon Merksätze für das Aufziehen der Kette wie „Segelschiff jagt Haifisch" nützen mir wenig. Ich schärfe Ketten, gewiss, doch selten, ungern und immer noch unsicher. Ich bringe sie lieber zum Fachhändler, der spezielle Maschinen fürs Schärfen einsetzt. Das kostet zwar ein paar Euro, erlässt mir jedoch eine mühselige Fummelarbeit. Außerdem erkennen Fachleute, ob es sich überhaupt lohnt, die Kette noch mal zu schärfen.

Ketten gehören, wie auch die Führungsschiene, zu den Verschleißteilen, sie müssen rechtzeitig ersetzt werden. Wer glaubt, er geht mal eben aus Lust und Laune zum Sägen raus, etwa im Frühjahr in die Garage, schnappt sich nach ein paar Jahren der Inaktivität spontan in Freizeitshorts, T-Shirt und Schlappen die Säge aus der hintersten, feuchtesten Ecke, wirft sie an und sägt ohne Schnittschutz drauflos, kann negative Überraschungen erleben. Das Arbeiten mit Holz ist eben Arbeit, so eben nebenbei macht es weder Spaß noch fühlt es sich richtig an. Man muss Zeiten der Vorbereitung, des Ankleidens, der Wartung, der Kontrolle und Lagerung einplanen. Das können zusammengenommen schon mal mehrere Stunden täglich sein. Wer diese Zeit auf Dauer nicht aufbringen will, wer keinen Spaß daran hat, in der Nachbereitung der Sägerei aufzuräumen und zu reinigen, der sollte gar nicht erst an eine Motorsäge denken.

Der zweite Tag des Kurses führte uns bei eisigen Temperaturen ins Grüne in der Nähe Elsfleths, dorthin, wo ein paar Kilometer weiter die Flüsse Hunte und Weser zusammenfließen. Es ging in einen kleinen Streifen Nadelwald. Wir konnten unser erworbenes Wissen unter Aufsicht von Marco zu Stolberg ausprobieren. Der private Besitzer des Waldes bekam am Ende des Tages das gesägte Holz, grob gestapelt am Wegesrand, wir durften dafür munter mittelgroße Bäume, überwiegend Fichten, umsägen, viel zu dicht stehende Gewächse, die ohnehin gefällt werden mussten. In moderner Sprache war das wohl eine Win-Win-Situation für beide Seiten.

Marco zu Stolberg erklärte uns zum wiederholten Mal, dass Frauen in seinen Kursen besonders gut sägen würden. Er meinte damit, sie seien längst nicht so waghalsig, so angeberisch und überhastet wie manche Männer, sie würden genau auf die fachlichen Anweisungen hören. Und sie ließen sich, ohne gleich beleidigt zu sein, bei ihren Handlungen korrigieren. Marco ging es an dem Tag generell um Problembäume, die schief oder unter Spannung stehen und exakt fallen sollen. Da ist es nicht immer leicht, den sogenannten Fallkerb richtig anzusetzen. Manchmal ist es bereits ein Problem, die Maschine richtig anzuwerfen, die Säge zwischen die Beine zu klemmen, den Griff zu halten und das Zugseil bis zum Druckpunkt zu ziehen. Oder, als Alternative, sie nach der Methode von Heinz zum Anwerfen auf den Boden zu legen und die Stiefelspitzen in den hinteren Griff zu setzen.

Dank der Übungen mit Heinz sprang meine gut eingestellte Säge zügig an. Wie es sich gehört, wartete ich einige Momente und gab vorsichtig Gas. Zufrieden praktizierte ich an dem Tag mehrmals das Anmachen der Säge. Glücklich wurde ich damit allerdings trotzdem nicht ganz. Denn natürlich fiel der erste, zugegeben eher kleine Baum, den ich in meinem Leben unter Aufsicht fällte, schief herunter und klemmte dann auch noch über einem anderen kleinen Baum fest. Die Kronen hatte sich tüchtig ineinander verkeilt. Mein Fehler war mir bewusst, und ich kannte auch die Ursache. Es ist mir immer total peinlich, wenn mir ein Dutzend Menschen interessiert und vielleicht sogar kritisch zuschaut. Seltsamerweise machte mir das beim Schreiben von Artikeln in der Zeitungsredaktion nie etwas aus, ich war da inmitten des Trubels und der umliegenden Telefonate im Großraum stets in einer ganz eigenen, abgeschotteten, intimen Text-Welt. Hier, bei einer handwerklichen Tätigkeit, war das offensichtlich anders. Ich werde unruhig, wenn man mir bei solchen Arbeiten direkt auf die Finger blickt, und mache leicht Fehler.

Ich hatte den Fallkerb falsch angesetzt und den Fällschnitt überhastet durchgeführt, so als sei ich bei einer Prüfung und dürfe nicht durchfallen. Marco drehte sich derweil eine Zigarette, lachte. Mein Versuch einer Erklärung brach nach dem zweiten Wort ab: „Ich ... äh ...“

Marco meinte nur: „Das lernste noch." Ich gestatte mir ein einfältiges Lächeln.

Und wir lernten. Mit den ersten Stunden kam die Erfahrung. Und mit der Erfahrung kam der Spaß.

Wer in voller Montur, mit Schutzanzug, Helm und Augenschutz, mit dicken Schnittschutz-Stiefeln und mit passenden Handschuhen sein Holz für den Ofen macht, der begibt sich in ein ganz eigenes Universum. Es ist extrem anstrengend, wunderbar schweißtreibend und hoch befriedigend. Tatsächlich ähnelt es ein wenig dem schnellen, intensiven Schreiben eines wichtigen Textes unter Zeitdruck oder dem Tauchen: Jenseits der Außenwelt hört man wegen der dicken Ohrenschützer kaum etwas, das Sichtfeld ist eingeschränkt, man konzentriert sich völlig auf seine Aufgabe und bekommt den berühmten Tunnelblick. Ist das eine einsame, fade Tätigkeit, bei der man keinen Nebenmann duldet und hinten allein auf der Wiese werkelt?

Nein, einsam ist man nicht. Ich habe mich noch nie mit mir allein gelangweilt. Und wirklich einsam habe ich mich eher in vielen überflüssigen wie redseligen Redaktionskonferenzen, auf selbst beweihräuchernden Premierenfeiern oder auf wichtigtuerischen Kulturtagungen gefühlt, wo die besten Absichten wortreich durchgekaut, aber nie verwirklicht wurden. Ich war nie ein Mensch für Partys und schon gar nicht für Smalltalk. Aber ich durfte aufgrund meines Berufs als Journalist nicht schüchtern und schon gar nicht seltsam sein. Hinten, auf der Wiese, sieht das Leben für mich nun zum Glück völlig anders aus. Die

Anstrengung verwandelt sich in Entspannung. Natürlich ist eine erhöhte Achtsamkeit erforderlich, weil man warnende Geräusche wie zum Beispiel Schreie nur eingeschränkt wahrnehmen kann. Aber das versteht sich von selbst. Meiner Frau und allen mir Nahestehenden habe ich zudem eingeschärft, mich niemals beim Arbeiten mit der Motorsäge anzusprechen – und schon gar nicht von hinten und vielleicht mit einem überraschenden wie freundlichen Klaps auf die Schulter. Selbst wenn ich dann nicht erschrocken sein sollte, sofort den Gashebel loslasse, läuft die Säge immer noch ein paar Sekundenbruchteile nach – was man unbedingt beachten muss. Wie ich durch meinen nächsten Fehler eine Woche nach dem Kurs lernte.

Manchmal muss ich auf unserem größten Acker aktiv werden, dort, wo eine üppige Weide ihre Zweige träge in einen breiten Graben hängen lässt, wo dichtes Gestrüpp jeden Schritt behindert. Kurz vor einem Zuggraben, der mooriges Wasser aus unseren durchnässten Wiesen in Richtung Jadebusen und Nordsee befördert, habe ich bei einem Tritt in das Loch einer Bisamratte reflexartig die gerade ausgestellte Säge so einfach wie arglos hinter meinen Körper gehalten. Später bemerkte ich im hinteren Bereich des Oberschenkels, fast in Höhe der Hüfte, einen geraden Zehn-Zentimeter-Riss in meiner Schnittschutzhose. Es war bei genauer Betrachtung kein Riss, es war ein Schnitt.

Ich war dort für Sekundenbruchteile nach dem Gas-Ausstellen mit der Sägespitze angekommen, hatte den sogenannten Nachlauf-Effekt unterschätzt. Ein netter Fachhändler ließ, nach einiger berechtigter Skepsis, die Hose bei einem Industrienäher flicken. Das ging aber nur, weil das weißliche, flockige Innenleben der Hose durch den oberflächlichen Schnitt keinen Schaden genommen hatte. Die weißen Fasern stoppen im schlimmsten Notfall – der ja nicht eingetreten war – sofort die Motorsäge. Das soll dann, erzählte mir Marco zu Stolberg, wie eine kleine Schnee-Explosion wirken. Die Hose sei in einem solchen Notfall natürlich völlig hinüber, der Mensch unverletzt und die Säge lasse sich von den Fasern und Flocken reinigen und weiter nutzen.

Am Abend des zweiten Tages war es so weit. Die ganze Zeit hatte ich mich darauf gefreut. Wir erhielten zum Ende des Sägekurses eine feine Urkunde ausgehändigt, den Motorsägenschein. Damit verbunden ist in Deutschland die amtliche Erlaubnis, in einem Forstwald dafür vorgesehene Bäume zu fällen, selbst zu „werben", wie es im Fachjargon heißt, wenn der Förster zustimmt – was ich so lange wie möglich hinauszögern will, denn noch haben wir auf unserem eigenen Grund und Boden genügend Bäume. Ich war stolz auf diesen Schein. Ist das peinlich? Er bedeutete mir in dem Moment fast mehr als die mühsam erworbene Tübinger Doktorurkunde. Von der ich übrigens nicht mal mehr weiß, wo ich sie abgeheftet habe.

Der Kurs hatte mir gutgetan. Ich werde es lieben, fühlte ich am Ende des Kurses. Ich werde gern Holz machen – vom Fällen über das Sägen, Hacken und Trocknen bis zum Verfeuern. Und ich werde immer wieder gern ins Gelände gehen, es wird nie dröge werden. Ich werde über die Wiesen stapfen, im kleinen Wald die herrlichen Gerüche von Moos,

Baumrinde, Harz und Blättern aufsaugen. Ich werde Moor und Klei spüren, das Wetter, das hier auch mal schön rau sein kann, immer im Gesicht. Es ist herrlich, jederzeit die ländliche, robuste Freiheit zu genießen, die Weiden zu inspizieren, die Gräben anzugucken, sich über den wilden Wuchs zu wundern, die Rehe in der Ferne ohne Absicht aufzuscheuchen. Und als hätte es noch eines Hinweises auf die schöne Natur der südlichen Wesermarsch bedurft: Regelmäßig versammeln sich besonders im Winter vorm Haus bei unserer Futterstelle wie in einem Tierfilm Fasane, Eichelhäher, Buntspechte und Grünspechte, unternehmungslustige Meisen und dicke Finken, während Spatzen völlig fehlen. Allmorgendlich begrüßt mich eine kräftige Symphonie der Vögel. Auch das eine oder andere fast schon zahme, wohl einem Züchter ausgebüxte Damwild oder ein, zwei flinke Eichhörnchen gucken gern vorbei. Von Nachbars Katzen oder einigen Laufenten gar nicht zu reden.

Kann es noch mehr Paradies geben? Ich genieße das abgeschiedene Landleben, ohne dass ich darüber weltfremd werde, zum Eremiten mutiere oder in Bekehrungseifer verfalle. Ich bin nicht religiös, kein Esoteriker, kein Mensch für die Idylle, und ich glaube partout nicht an das so oft beschworene angeblich ruhige Landleben. Denn wenn ich eines unserer Fenster öffne, dann höre ich fast regelmäßig ein vertrautes Geräusch in der Ferne. Es ist mein Lieblingslärm und inzwischen trotz aller Gewohnheit immer noch wunderbar, ja geradezu herrlich: Es ist ein Wohlklang, ja fast ein Gesang. Es ist das Knattern einer gut geölten Motorsäge.

Die Natur muss gefühlt werden.

Alexander von Humboldt

DAS MOOR

Unser Gelände als weitläufig und abwechslungsreich zu beschreiben, wäre die Untertreibung des Jahres. Die sieben wilden Hektar ziehen sich von der Straße aus wie ein breites, rechteckiges Brett hin. Im vorderen Bereich, gut neunzig Meter von der schmalen Zugangsstraße entfernt, steht unser zweistöckiges Wohnhaus, daneben die uralte Scheune. Zu großen Teilen hat man das Moorgebiet ringsum schon vor vielen Jahrzehnten gründlich abgetorft.

Die ersten Kolonisten kamen im achtzehnten Jahrhundert. Das großflächige Entwässern begann im neunzehnten Jahrhundert mit dem Einsatz von Dampfmaschinen beim Ziehen von Gräben. Bis dahin war unser Gebiet ein weißer Fleck auf der Landkarte. Unser Haus trug bis weit ins zwanzigste Jahrhundert in einigen amtlichen Dokumenten die Bezeichnung „Kolonat Nr. 24". Auf dem Oldenburger Gertrudenfriedhof, einem der ältesten Friedhöfe der Region, wollte ich meinem Freund, dem Berliner Schriftsteller und Regisseur Holger Teschke, vor fünf Jahren einmal das Grab des berühmten Zeichners Horst Janssen zeigen. Wir irrten wegen schlechter Beschilderung gründlich herum, und manchmal spielt einem das Schicksal gerade dann den einen interessanten Streich. Zufällig stießen wir auf das historische Grab von Christoph Friedrich Mentz (1765-1832). Das war der Oldenburger Kammerdirektor und Regierungspräsident im Großherzogtum, nach dem unsere kleine Ortschaft in der Wesermarsch benannt ist: Mentzhausen. Es gibt ein Mentzhausen-Süd und ein Mentzhausen-Nord. Wir wohnen im südlichen Teil. Als tatkräftiger Mann sorgte Mentz in seiner Amtszeit in Zusammenarbeit mit Landvermessern für die Kartierung, Besiedlung und Trockenlegung unseres Moors.

Die ersten Siedler waren nicht auf Rosen gebettet. Sie kamen in ein völlig unwegsames Gelände, hausten mit ihrem wenigen Vieh in einfachsten Katen, mussten im Gebiet des Oldenburgischen Großherzogs Zwangsarbeit wie Leibeigene verrichten, ohne landwirtschaftliche Maschinen auskommen und erst einmal das Land kultivieren. Das sogenannte Marschenfieber war verbreitet – bis zum Beginn des zwanzigsten Jahrhunderts beklagte die Wesermarsch Fälle von Malaria. Erst die konsequente Entwässerung sorgte für das Ende von Anopheles atroparvus – der Mücke, die Malaria überträgt. Kein Wunder, dass damals viele letztlich das Weite suchten – das hervorragende Auswandererhaus in Bremerhaven erzählt und dokumentiert als Erlebnis-Museum auch die Geschichten jener Menschen, die im Moor mit Entbehrungen und Enttäuschungen, mit Armut, Ausbeutung und Krankheit leben mussten und irgendwann verzweifelt aufgaben.

Spaten zum Torfstechen, Schaufeln zum Loten der Gräben, der hölzerne Melkschemel, die schlichte Hacke, hier ein Haufen von Torfsoden – was heute zur hübschen heimatverbundenen Dekoration im Wohnzimmer taugt, war früher Teil der Mühsal, um zu überleben. Das geflügelte niederdeutsche Wort „Den Ersten sien Doad, den Tweten sien Not, den Dridden sien Broad“ soll aus der Zeit dieser Besiedlung stammen: „Dem Ersten sein Tod, dem Zweiten seine Not, dem Dritten sein Brot“ erzählt von der schrecklichen Anstrengung der Rodung und Urbarmachung.

Besonders die südliche Wesermarsch mit ihrem herben Charme und ihrer urwüchsigen Landschaft ist bis heute dünn besiedelt. Die letzten nicht befestigten Straßen und Wege beseitigte man erst in den Sechzigerjahren des zwanzigsten Jahrhunderts. Man hinkte offenbar etwas hinter der Zivilisation der Städte Bremen und Oldenburg hinterher. Es gab sogar lange kein Trinkwasser aus einer öffentlichen Leitung, noch bis in die Zwanzigerjahre des letzten Jahrhunderts fuhren in der Wesermarsch spezielle Lastkraftwagen mit riesigen Wassertanks herum, um die Bevölkerung zu versorgen. Das Wasser aus dieser Erde, ich habe so manches Mal tief genug gebuddelt, kann man für nichts nutzen. Es ist dunkelbraun bis pechschwarz und stinkt nach Fäulnis. Natürlich haben wir heute sauberes Trinkwasser über eine moderne Leitung. Doch es existiert kein Anschluss an ein öffentliches Abwasserkanalnetz. Wir sind stolze Eigentümer einer vollbiologischen Kleinkläranlage, aus der am Ende das gefilterte Wasser auf die Wiese tröpfelt. Der fällige Rest wird alle paar Jahre von einem Spezialunternehmen abgepumpt und abgefahren. Die bescheidene Generation vor uns musste noch mit einem Plumpsklo außerhalb des Hauses vorliebnehmen.

Alles zur Geschichte des Wassers und besonders des Trinkwassers in der Wesermarsch kann man in der Kaskade in Diekmannshausen lernen und bestaunen. Ein altes Speicherpumpwerk wurde dort zu einem Museum umgebaut, und vom Dach des Gebäudes hat man auch noch einen wunderbaren Blick über den Jadebusen bis nach Wilhelmshaven. Betrieben wird die Kaskade vom Oldenburgisch-Ostfriesischen Wasserverband (OOWV), der seit Jahrzehnten sowohl die Trinkwasserversorgung als auch die Abwässer der Region regelt.

Zu gern hätte ich auf unserem Gelände noch die alten Loren gefunden, mit denen einst der abgestochene Torf transportiert wurde. Leider bin ich im Laufe der Jahre nur auf etwa dreißig Meter rostige Eisenschienen im Schmalspurformat und zwei mächtige Achsen mit daran festgeschweißten Rädern gestoßen. Die sehen aus wie Riesenhanteln in der Muckibude. Wahrscheinlich ist das dazugehörige Holzgestell für den Torftransport im Laufe der Zeit völlig verrottet und als Modder im Boden versunken. Eine kleine Lok gab es nie dazu, die Feldbahn wurde vom Ur-Opa meiner Frau auf den Schienen neben ausgehobenen Schächten geschoben und nach und nach mit von Hand gestochenem Torf beladen. Die aufgeschichteten Torfsoden wurden dann an eine Stelle zum Trocknen befördert. Es muss pure Knochenarbeit gewesen sein, keine Maschine half.

Ältere Einwohner im Bezirk Ovelgönne und Jade erzählen, einst seien die Bauern mit ihren Pferdefuhrwerken ins Ammerland zum Rasteder Bahnhof gefahren, hätten dort ihren mühsam gewonnenen Brenn- und Streutorf abgeladen und auf dem Rückweg einigen Kleiboden mitgenommen, den sie dann auf ihrem Land verteilten und vermischten – damit es stabiler und besser wird. Nach anderer Lesart ist die mächtige Decke von Marschklei über dem Torf auf Meeresüberflutungen des dreizehnten Jahrhunderts zurückzuführen. Etliche Ladungen von Schlick sollen die Wellen ins heutige Landesinnere befördert haben. Wieder andere Forscher sagen, sogar Gletscher aus der Eiszeit hätten ihre deutlichen Spuren hinterlassen. Wie auch immer, es hat zur Folge, dass unser Boden durchmischt ist, hier ist es moorig und matschig, manchmal bilden sich nach heftigen Regengüssen fast kleine Teiche, ein paar Meter weiter wirkt der Boden eher geestig und besonders in trockenen Sommern hart bis rissig. Also kein reines, kein klares, kein bukolisches Bild: Wir haben weder See noch Land, eher was dazwischen. Es gibt, anders als in der Norddeutschen Tiefebene gedacht, durch die Abtorfungen sogar Höhenunterschiede von gut ein, zwei Metern zwischen unseren Wiesen. Hinzu kommt die energische Mitwirkung von Wühlmaus, Wasserratte und Maulwurf, die für Hügel oder Löcher im Boden sorgen.

Damit man sich die Besonderheit, Weichheit und unterschiedliche Beschaffenheit des Bodens vorstellen kann: Unser Wohnhaus, einem historischen Bauernhaus äußerlich nachempfunden, bauten fachkundige Handwerker auf über acht Meter langen Betonstahlpfählen, die vorher von einem einschlägigen Unternehmen weithin krachend in den Boden gerammt worden waren – alle Meter ein Pfahl bis man für die Fundamente auf festen Sandboden stieß. Das gilt bis jetzt als modernste Methode, früher konnte man die kleinen Moorhäuschen zunächst gar nicht rammen, später war das harte Männerarbeit. Die Pfähle waren lange Zeit aus Holz – was heute für die Bewohner älterer Häuser ein Problem darstellt, da der Grundwasserspiegel deutlich abgesunken ist. Das Holz fällt dadurch trocken, verliert an Stabilität, wird morsch. Ein Haus in unserer nächsten Querstraße knirschte eines Nachts, die verängstigten Bewohner retteten sich gerade noch ins Freie und alarmierten die Feuerwehr. Die konnte nichts mehr tun, sperrte ein paar Stunden später das Gebäude. Es durfte nicht mehr betreten werden, war schief und einsturzgefährdet geworden. Das arme alte Ehepaar musste Hals über Kopf zu Verwandten ziehen, ein endloser Streit mit der sich windenden Versicherung folgte, die wollte nicht zahlen. Heute fahre ich manchmal auf meiner Fahrradtour dort vorbei. Jetzt steht da nach dem Abriss der Ruine ein Neubau – auf sicheren Stahlbetonpfählen. Schon vor dem Baubeginn unseres Hauses war also klar: An einen Keller konnte man in dieser Gegend nicht einmal denken. Er würde sich unfreiwillig in ein Schwimmbad verwandeln.

Unser eigenes Land wirkt vom Grund des Meeres heraufgezogen und bis heute nicht ganz getrocknet. Wie der größte Teil der Wesermarsch liegt es unter dem Meeresspiegel der Nordsee. Wieder und wieder gibt es auf unseren Wiesen bei längerem Regen zahlreiche Schlammpfützen zu bestaunen, man hüte sich, mit einer Karre da durchzufahren. Alle Jahre wieder bestelle ich bei einem regionalen Fuhrunternehmer sogenannte Füllerde, nur grob gesiebte, nicht für Blumenbeete taugende Erde, die dann ein Kipplaster mit großem Respekt vor dem weichen Moorboden vor unser Haus fährt. Mit der Schubkarre oder einem kleinen Anhänger verteile ich diese Erde, damit unschöne Abbruchkanten nicht zu stark ins Auge fallen. Das Haus bleibt, weil gut gerammt, gerade stehen, nicht aber der Boden ums Haus herum, der wieder und wieder absackt und natürlich auf dem gesamten Gelände auch zu einigen schief wachsenden Bäumen führt. Die stören mich nicht, solange keine Gefahr von ihnen ausgeht.

Die umliegenden Straßen sehen aus wie geflickt. Dabei spielt auch die intensive Landwirtschaft eine wichtige Rolle, die Maschinen werden immer größer, Traktoren breiter und schwerer. Nicht nur die Ränder der Fahrbahnen sind das Problem: Alle paar Jahre müssen Löcher gefüllt und Absackungen beseitigt werden – gerade bei Gemeindestraßen ein teures Unterfangen. Auf unserer Querstraße kann ich ortsfremde Fahrer schon routinemäßig erkennen, einfach weil ich sie hören kann. Sie beschleunigen beschwingt und fröhlich ihr Auto, weil es über Kilometer prima geradeaus geht und ziemlich autofrei aussieht. Dann macht es an einer bestimmten Stelle der Fahrbahn weithin hörbar blechern Rums. Das Fahrzeug kommt mit dem Unterboden auf, erleidet mehr oder weniger Schaden. Die löchrige Stelle der Straße wurde zwar immer wieder geebnet, doch die jährlich auftauchenden Straßenarbeiter der Gemeinde können sich auf Dauer nicht gegen das bewegliche, niemals ruhige Moor durchsetzen.

Einheimische wissen um die erst auf den letzten Metern erkennbare Stelle, sie bremsen vorher ab, tuckern vorsichtig über die Untiefe, geben dann wieder Gas.

Vor zwei Jahren sperrte man sogar eine Nebenstraße zeitweise für Radfahrer. Durch die anhaltende Trockenheit im Sommer riss der Teer in der Mitte der Fahrbahn über dem moorigen Untergrund regelrecht auf. Armdicke Spalten entstanden über zehn, zwanzig Meter lang im Asphalt. Wer sich darin mit einem Vorderrad verfangen hätte, wäre kopfüber im Straßengraben gelandet. Selbstredend mussten auch die Boßler des Mentzhauser TV die Straße meiden. Ihre Holzkugel, die sonst weit rollt, wäre glatt in den Spalten versunken, selbst der Boßelkugel-Kraber, ein Gerät aus Besenstil und Netz, mit dem man die Kugel aus einem Graben fischt, hätte da nicht mehr geholfen. Den Rissen ist man begegnet, indem man sie mit Teer zuschüttete - bis zum nächsten Mal.

Dabei ist die sandige Geest nur wenige Autominuten von uns entfernt, in Loyermoor bei Oldenburg. Dort wird an der Abbruchkante der eher kargen Geest locker eine Höhendifferenz von dreißig Metern überbrückt. Der weiche Boden der Wesermarsch sorgte unter anderem dafür, dass die erst 1896 errichtete Bahnstrecke zwischen Brake und Oldenburg ab 1976 nicht mehr betrieben wurde. Die moorige Erde gab über die Jahre unter dem Gewicht der Gleise und der darüber fahrenden Züge heftig nach. Fahrgäste dachten, sie würden statt auf Gleisen eher auf Gummi fahren, daher der bis heute gebräuchliche Spitzname „Gummibahn“.

Gilt also, was die Schriftstellerin Annette Droste-Hülshoff 1842 schrieb: „O’ schaurig ist’s übers Moor zu gehen“?

Heute kann und muss man den Titel des berühmten Gedichts leider uminterpretieren: Es ist schaurig, über ehemaliges Moor zu gehen, weil kaum noch welches existiert. Von einem veritablen Sumpf ist ohnehin nichts mehr zu sehen. Man kann gefahrlos flanieren, holt sich höchstens mal bei entsprechender Wetterlage ein Paar nasse Socken. Nur an einer tieferen Stelle haben wir, etwa hundert Meter hinterm Haus, noch eine Art dauerhaften Moortümpel, einen sogenannten Torfspitt, Teil einer früheren Abbaufläche. Der Torfspitt hat allerdings mit der Zeit deutlich an Wasser verloren, unter anderem weil der Grundwasserpegel flächendeckend gesunken ist. Vergeblich habe ich auf allen Wiesen den Sonnentau gesucht und nicht gefunden. Die fleischfressende, kleine Pflanze, die mithilfe ihrer Klebeblätter Insekten verspeist, überlebte auf nährstoffarmen Böden – aber nicht die Trockenlegung der Moore. Dass hier ein Moorgebiet war und in einigen Teilen noch ist, machen zumindest etliche Ortsnamen deutlich. Dörfer heißen Jaderkreuzmoor, Kötermoor, Vareler Moor, Strückhausermoor, Ipwegermoor oder Delfshausermoor.

Bei Sehestedt — benannt nach einem dänischen Admiral – existiert außendeichs die Attraktion eines Hochmoors, das sich bei einem höheren Wasserstand des Jadebusens insgesamt mit seinen zehn Hektar anhebt, das sogenannte Schwimmende Moor. Dieser Teil des Nationalparks Wattenmeer ist ein landschaftlicher Rest, denn früher, vor dem Einbruch des Meeres, war fast der gesamte heutige Jadebusen ein Hochmoor und Butjadingen fast vom Festland abgeschnitten. Ein Name, den ich nur einmal von älteren Einwohnern der Wesermarsch hörte, geht mir beim Thema Moor nicht aus dem Kopf. Wahrscheinlich, weil er so seltsam und gleichzeitig so fein nach Geheimnis klingt: Ich meine die bei Elsfleth liegende Gellener Torfmöörte, an der es angeblich spuken soll. Aber offenbar wurden die Geister schon vor längerer Zeit aus dem Moor vertrieben. Wirkliche Kämpfe finden seit Jahrhunderten in unserer Region nur noch gegen Überschwemmungen durch die Nordsee statt. Küste und Marsch verbindet eine heftige und dynamische Liebesgeschichte: Auf gut zwölf Kilometern Länge grenzt allein unsere kleine Gemeinde Jade an den Jadebusen und den Fluss Jade. Das Wappen der Gemeinde zeigt nicht ohne Grund geschlossene Sieltore.

Küstenschutz durch erhöhte Deiche ist hier schon immer existenziell gewesen, gerade bei einer allmählichen Erhöhung des Meeresspiegels durch die anhaltenden Klimaveränderungen. „Kein Deich, kein Land, kein Leben“, hat der Bürgermeister der Gemeinde einmal drastisch formuliert, als er auf die Gefahr von Sturmfluten hinwies. Ortsnamen wie Jaderaußendeich künden vom Versuch unserer Vorfahren, das eindringende Meerwasser zu bändigen. Heute scheint man gegen höhere Wasserstände gewappnet und ein ausgeklügleltes System entwickelt zu haben, das Salzwasser von Süßwasser zu trennen weiß. Überschwemmungen soll es früher sogar bis tief ins Landesinnere der Wesermarsch gegeben haben. Manche eingeschlossenen Höfe mit langer Auffahrt kennzeichneten ihre Zuwegung im Winter zur Sicherheit mit Holzstangen.

Fast selbstverständlich für unser Moorgebiet, gibt es ein Unternehmen in unserer Nähe, das noch für viele Jahre die Lizenz besitzt, bei Barghorn und Rüdershausen industriell Torf abzubauen und mit riesigen Speziallastern über viel zu schmale Straßen abzutransportieren. In Deutschland wird Torf nicht mehr als Brennmaterial genutzt. Der Humus aus abgestorbenen Pflanzen dient aber noch in Gärtnereien als Pflanzensubstrat, hilft in der Medizin – bekannt sind die Moorbäder etwa in Bad Zwischenahn – oder in der Kosmetik. Abgearbeitete Moore „renaturiert" man inzwischen gern. Das klingt prima, ist aber eigentlich eine falsche Bezeichnung. Oder, wenn man es böse formulieren will, eine Mogelpackung. Eine vollständige Regeneration und gelingende Renaturierung halten einige Biologen im Grunde für unmöglich.

Moor galt lange als lebensfeindliche Fläche ähnlich einem Urwald. Heute wird die einmal im Laufe der Jahrhunderte trockengelegte Fläche einfach wieder vernässt, dazu zupft man noch ein paar junge Birken weg, die früher als Flachwurzler der Trockenlegung dienten. Allerdings ist die sogenannte Moorvernässung, die künftig neben den aktuellen Torf-Abbauflächen auch schon alte, längst abgetorfte Wiesen betreffen soll, höchst umstritten. Zwar kann so vielleicht das Klimagift Kohlendioxid eingedämmt werden, gleichzeitig wird den bäuerlichen Betrieben mit Milchvieh, das durch den Matsch nicht mehr auf die Weiden kann, die Existenzgrundlage entzogen. Landwirtschaft im heutigen Sinn erscheint dann kaum mehr möglich. Der geplante Wandel gleicht von den ungeheuren Folgen her dem Kohleausstieg. Wird Malaria mit der Moorvernässung wieder ein Thema werden, weil das feuchtwarme Klima zunimmt? Vereinzelt wurden schon gefährliche Mücken gefangen. Und nach der Vernässung, so vermuten manche, könnten bei Starkregen sogar weitere ungeahnte, erledigt geglaubte Probleme auftreten – die Moore wären wie zugepflastert und würden eventuell überlaufen, schließlich liegen etliche Gebiete hier unter Normal-Null. Nie darf man vergessen, dass ein Drittel der Wesermarsch immer noch aus Moor besteht. Und die Moorflächen sind teilweise mit privaten Wohnhäusern besiedelt, anders als etwa in Mecklenburg-Vorpommern. Wie auch immer, der gewerbliche Torfabbau geht politisch seinem Ende entgegen.

Auf unserem Gelände gibt es an einigen Rändern und in den Übergängen der Wiesen lauschige Flächen, überwuchert von Gebüschen, gerahmt von Schilf, Rohrkolben und einigem Torfmoos sowie gesäumt von zahlreichen Bäumen, darunter viele Eschen. Leider sind die Verluste gerade bei dieser Baumart groß, Ursache ist eine Pilzerkrankung, die längst Eschen in ganz Europa erfasst hat. Hinter unserem Haus befindet sich ein Misch-Wäldchen von vielleicht hundert Metern Durchmesser. Bei uns wachsen als Abgrenzung zwischen Feldern überwiegend Birken, aber auch Vogelbeerbäume, Douglasie, Ahorn, einige mächtige Eichen, etliche Weiden, Erlen, ein paar Kiefern. Hinzu kommen Fichten, Buchsbaum, Rhododendron, Kirschlorbeer und viel Dickicht mit dornigen Brombeeren. Dieses furchtbare Kraut lässt sich nicht ausrotten, jeder Rückschnitt führt heimtückisch zu einem noch besseren Wuchs. In einem Jahr haben wir, als das noch erlaubt war, sogar ein Teilstück einer Wiese kontrolliert abgebrannt, um dem Gestrüpp den Garaus zu machen. Es ist gründlich schiefgegangen, das Gras war weg, die Brombeeren blieben und wirkten durch das Feuer sogar wie gedüngt. Wer die Sträucher mit ihren furchtbaren Ranken unbedingt ausbuddeln will, muss sich Tage dafür Zeit nehmen, so verzweigt sind die Wurzeln. Die Dornen der wilden Brombeeren gehen durch die Kleidung und hinterlassen juckende, picklige Pusteln auf der Haut, wie ich leidvoll erfahren musste. Man kann sie nur mit enorm dicken Handschuhen packen und dann versuchen, die meterlangen Tentakel aus der Erde zu reißen. Und man sollte das nur mit einer Schutzbrille tun.

Eine einzigartige Eiche erhebt sich weit hinten mitten auf einem Feld, exakt auf einer Kante zwischen abgetorfter Mähwiese und höher gelegenem Moor. Ihr Anblick lässt einen still, ja andächtig werden. Ich verwende absichtlich in diesem Fall nicht den Begriff Mooreiche, weil dieses Wort gern von Archäologen, etwa im Landesmuseum „Natur und Mensch“ in Oldenburg, für abgestorbene, längst im Boden versunkene Eichen genutzt wird. Unsere Eiche auf dem Moor ist uralt, aber fit wie ein Turnschuh. Sie hat einen Umfang von fast vier Metern, und sie ist sehr speziell. Sie ist nie beschnitten oder besägt worden, und sie zeigt uns, wie Bäume wirklich aussehen, wenn

Menschen sie in Ruhe lassen: Die Äste und Zweige hängen bis knapp über den Boden.

Der gesamte Baum, ungefähr dreißig Meter hoch, wirkt aus der Ferne wie eine unten abgeschnittene Riesenkugel, nicht wie die üblichen, zu riesigen Pilzen gestutzten Bäume am Straßenrand oder in der Stadt, deren Kronen nur noch einigermaßen vollständig sind, während unten der kahle, immer wieder besäbelte und entastete Stamm zu sehen ist. Natürlich wuchs unsere schöne, voll zur Geltung kommende Eiche nur deshalb so, weil sie für sich steht, fast einsam. Unter ihr entstand ein Lebensraum für Kleintiere wie Erdkröten, Igel, Ringelnattern oder Zilp-Zalp. Anders sieht es bei einigen unserer Waldbäume aus, deren Zweige unten wegen Lichtmangels absterben, sodass nur oben die Krone einigermaßen grünt.

Für unsere wunderbare alte Eiche stellt der Mensch die größte Gefahr da. Einzig meine Frau und ich haben Zugang zu ihr, so bleibt der Boden um den Stamm schön locker, Wasser und Nährstoffaufnahme scheinen gesichert. Und ich habe mir geschworen, ihr niemals mit einer Motorsäge zu Leibe zu rücken. Sie wirkt wie eine Verwandte auf mich, als gehöre sie einfach fest zu meinem neuen Leben. Ich würde um sie trauern, ich würde verzweifeln, wenn ihr etwas geschähe. Der Gedanke, dass sie alt werden kann, sehr alt, tröstet mich. Möge sie noch stehen, wenn ich längst nicht mehr da bin. Gleiches gilt für unsere zwei Meter dicke, uralte Linde am Wohnhaus, ein in meinen Augen einzigartiges Gewächs mit vielen ausladenden Ästen, feinem Moos und einer rissigen Borke, ein Senior-

Baum, der im Sommer durch herzförmige Blätter für Schatten sorgt und von mir nur alle fünf Jahre dezent zurückgeschnitten wird.

Die Linde sieht für ungeübte Augen durch ihre grünen Flechten leicht beschädigt aus, ist es aber nicht: Für Bäume sind Flechten grundsätzlich keine Gefahr, die filigranen Gebilde beziehen ihre ganze Nahrung aus der Luft, saugen also nicht den Baum aus, sondern nutzen ihn nur, um sich daran festzuhalten. Die Linde wird durch das dünne Grün auf ihrer Oberfläche in meinen Augen nur noch interessanter. Zum Leidwesen meiner allergischen Frau finden sich bei uns auch ein paar Nussbäume sowie einige alte Kirsch- und Apfelbäume auf einer moorigen Streuobstwiese. Durch den besonderen Boden wachsen dort nur bestimmte regionale Sorten. Außerdem haben wir zahlreiche wunderbare, hübsch knorrige, von zwei Männern kaum zu umarmende Kastanien.

Die Mehrzahl der Bäume auf unserem Gelände sehe ich als schön und nützlich an. Ihre Ästhetik und Einzigartigkeit stehen für mich außer Zweifel. Ihr Holz dient aber auch als nachwachsende einheimische Energiequelle – nicht jeder hat so etwas vor der Haustür. Im Prinzip ernte ich im Wald also nur so viel, wie auch nachwächst. Da der Aufwand bei der Brennholzherstellung nur mich als arbeitende Person betrifft, die Transportwege extrem kurz und unser Ofen hochmodern ist, halte ich unsere Holzfeuerung unbedingt für sinnvoll und nachhaltig. Holz bleibt für mich ein wichtiger Energierohstoff, aber niemals würde ich Bäume fällen, die die Schönheit der Landschaft betonen oder unser Haus umrahmen. Aus dem Küchenfenster blicke ich schließlich schon morgens auf Birken, Nussbäume, Kastanien und ein paar riesige Eichen. Das soll auch so bleiben. Sicher, die Befürchtung, dass ich irgendwann zu viele Bäume plattmache, sodass am Ende eine kahle Landschaft entsteht, lässt sich nicht vollständig vertreiben. Aber es existiert der feste Wille, es nicht so weit kommen zu lassen wie im nördlichen Teil der Wesermarsch. Dort kann man auf der Halbinsel Butjadingen schön weit gucken, der Wind braust mächtig herein. Man sieht in der kargen Landschaft schon heute, sagen die Einheimischen, wer morgen zu Besuch kommt. Indes, man darf nicht vergessen, dass zur Marsch eben auch eine relative Baumlosigkeit gehört.

Hier, im südlichen Teil unseres Landstrichs, wirkt die Gegend weniger baumlos oder abgeholzt. Im weiten Bogen von Unterweser und Hunte auf der einen und einer Linie vom Jadebusen bis nach Oldenburg auf der anderen Seite gibt es noch richtige, wenn auch im Vergleich zu Süddeutschland oder zur Geest naturgemäß überschaubare Wälder. Man hilft seit Jahren künstlich nach, forstet auf, schafft Rückzugsräume für Kleingetier und Wanderwege. Allein in unserer Nähe hat man seit 2008 den größten zusammenhängenden Wald der Wesermarsch angelegt, der staatlich gehegt und gepflegt wird, weil er als Ausgleichsfläche für den Tiefwasserhafen in Wilhelmshaven per politischem Vertrag festgelegt wurde. Der Bollenhagener Moorwald lockt mit immerhin einhundertvierzig Hektar, ein Mischwald mit Eichen, Birken und Weiden, einigen

Binsensümpfen und einem nach alter Art angelegten Bohlenweg über mehrere Feuchtwiesen. Ein Baumkronenturm kommt auf vierzehn Meter Höhe. Er bietet eine feine Rundumsicht bis fast nach Oldenburg oder zu den weißen Silos am Braker Ufer der Weser. Die beiden Seitenarme des Baumkronenturms ragen jeweils in eine alte Eiche hinein, man wird von ihren Blättern umgeben – und kann praktisch beim Wachsen zusehen.

Inzwischen avanciert das weitläufige Gelände des Bollenhagener Moorwalds zum Ausflugsziel für Menschen aus der gesamten Region. Dieser noch junge Kulturwald dient natürlich nicht dem Holzeinschlag und wird bestimmt kein Musterwald. Ich fälle ohnehin nur bei uns und bestimmt nicht wahllos oder als großflächige Rodung wie der einstige deutsche Kaiser Wilhelm II. in seinem niederländischen Exil in der Zeit von 1918 bis zu seinem Tod 1941. Der seltsame Monarch soll in der Umgebung seines Schlosses Haus Doorn wie wild alles niedergemacht haben. Von solchen Orgien im Wald halte ich nichts. Wohin das führt, sieht man bis heute an den Küsten des Mittelmeers, wo man bereits in der Antike die Wälder abholzte – einer der ersten schlimmen Eingriffe in ein Ökosystem. Und sind die Osterinseln nicht bis heute ein Rätsel unter anderem deshalb, weil die ausgestorbenen Ureinwohner die Inseln entwaldet haben? Um Zeugnisse fataler Umweltsünden zu entdecken, muss man gar nicht bis an den Amazonas reisen. Kahle Flächen in der rumänischen Karpaten-Landschaft führen den aktuellen Raubbau am Holz genügend vor Augen.

Der zeitweilig in einem Wald lebende Philosoph und Aussteiger Henry David Thoreau brachte schon im neunzehnten Jahrhundert auf den Punkt, was bis heute nicht nur in Brasilien und in Teilen Asiens ein Problem darstellt: „Wenn ein Mann die Hälfte eines Tages in den Wäldern aus Liebe zu ihnen umhergeht, so ist er in Gefahr, als Bummler angesehen zu werden; aber wenn er seinen ganzen Tag als Spekulant ausnützt, jene Wälder abschert und die Erde vor der Zeit kahl macht, so wird er als fleißiger und unternehmender Bürger geschätzt. Als wenn eine Gemeinde kein anderes Interesse an ihren Wäldern hätte, als sie abzuhauen!"

Der liebe Gott hat dicke und dünne Bäume wachsen lassen. Die dicken bringen mehr Holz.

Günter Strack

DAS FÄLLEN

Manchmal muss ich, obwohl es mir natürlich in den Fingern juckt, über Monate nicht mal einen Baum fällen. Da man vom guten Sägen süchtig wird, ist das eine schlimme Zeit. Sie fällt meist in den Sommer. Ich sammle dann zumindest abgefallene, heruntergewehte, vom Sturm abgebrochene Äste auf. Keinesfalls geschieht das radikal – der Wald wird nicht gefegt, Totholz hilft dem Waldboden. Aber man räumt so doch auf und kann das Windwurfholz gut verheizen. Angesichts der Zunahme von Stürmen kommt erstaunlich viel zusammen. Man fühlt schnell, ob aufgesammeltes Holz verheizt werden kann. Ist es durchfeuchtet oder vermorscht, zerbricht es schon beim Aufheben – dann taugt es garantiert nichts. Ich lasse es an Ort und Stelle verrotten. Das Schöne am eigenen Wäldchen ist, dass man weiß, dass es keine Verschmutzungen oder Verwundungen an den Bäumen gibt, keine Bemalungen mit Öl, kein angeklebtes Papier, keine reingehauenen Nägel, keine Umweltschädigung durch dauernd vorbeifahrende Autos, durch Einritzungen oder stinkende Fabrikschlote.

Das Thema ‚sauberes Holz' beschäftigt mich schon länger. Einmal wollte ich bei einem Besuch auf Mellum, der selten betretbaren Vogelschutzinsel, hölzernes Strandgut mitnehmen. Das gute, gefällig geformte Stück lag im trockenen Schlick, wohl gerade angespült. Es lachte mich durch seine Einzigartigkeit an, sah prächtig urtümlich aus, würde das Wohnzimmer zieren und im Ofen prasseln. Dachte ich. Aber es klappte letztlich nicht mit dem Treibholz, wahrscheinlich, weil ich es am Ende des Ausflugs schlicht auf der Insel vergaß. Das war im Nachhinein mein Glück. Wie ich heute weiß, taugt Holz aus dem Meer nichts, voll durchnässt ist es und leider auch durchtränkt mit allen möglichen Abfällen bis hin zum Altöl. Treibholz sollte man in keinem Fall in seinem Kamin verbrennen.

Auf gutes Kastanienholz war ich dagegen schon lange scharf. Da passte es, dass eine Rosskastanie eines Tages auf unsere private Zuwegung zu fallen drohte. Der Stamm hatte sich in zwei Metern Höhe eine Gabelung geschaffen. Es war also eine Art Zwilling, im Fachjargon auch Zwiesel genannt. Zwei mittelstarke Stämme waren in zwei Metern Höhe mächtig und parallel hochgeschossen, sie waren unten verbunden, oben getrennt, wie siamesische Zwillinge. Der eine Stamm hatte sich verfärbt, er war sichtlich von der in Europa kursierenden Kastanienkrankheit befallen, die man leider oft erst bemerkt, wenn es zu spät ist, wenn die Rinde bereits abblättert. Dieses bakterielle Rosskastanien-Sterben macht Bäume jeglichen Alters kaputt, auch wenn sie oben noch lange grün sind. Ich hätte den mächtigen Stamm vielleicht noch am Baum gelassen, aber er drohte abzubrechen und dabei auf unser Überland-Telefonkabel zu stürzen, das in luftiger Höhe verläuft wie in alten amerikanischen Filmen aus dem Mittleren Westen. Kurzum, der kranke Stamm konnte nur gefällt werden, wenn das Telefonkabel auf der Wiese lag. Lag es aber nicht.

Zufällig erschienen ein paar Monate später überraschend zwei Facharbeiter, die für die Sicherheit der Telefonmasten zuständig waren. Sie kamen wie bestellt. Alle zwanzig Jahre, erklärten sie mir bei eisigen Temperaturen, würden die Pfähle hier im Nordwesten von ihrer Firma Bezirk für Bezirk überprüft und gegebenenfalls erneuert. Es waren zwei Ungarn, ich verständigte mich mit Händen und Füßen mit ihnen. Letztlich nutzte ich zehn Minuten, in denen sie einen alten, faulen Mast der zum Haus laufenden Reihe unter mächtigem Geruckel entfernten und das Kabel für kurze Zeit auf der Erde ablegten.

Nun war meine Stunde gekommen. Natürlich leistete der Stamm genau in dem Moment entschiedenen Widerstand, als es schnell gehen sollte. Hagel setzte ein, meine Finger wurden trotz der Handschuhe vor Kälte fast taub. Danach roch es trotz Kälte plötzlich nach Regen. Zu all dem kam, dass ich es immer noch hasse, wenn andere mir auf die Finger schauen und noch dazu auf mich warten müssen. Ich wollte nicht die Zeit der beiden ungarischen Arbeiter vertrödeln. Wütend schlug ich nach dem ersten Hineinsägen zusätzlich ein, zwei Keile auf der linken Seite hinein, natürlich mit Schutzbrille, denn es passieren gerade bei Metallkeilen schreckliche Augenunfälle durch Absplitterungen.

Eine Minute später wollte die Sägekette samt Blatt mitten beim Hineinsägen völlig unmotiviert an einer Stelle stecken bleiben, wahrscheinlich weil der Druck das Stammes sich seltsam verteilte. Offenbar hatte ich das ganze Unternehmen von vornherein falsch eingeschätzt. Was sollte nun passieren? Aufgeben war keine Option. Den halb gesägten Stamm einfach so lassen, auch nicht. Doch genau in dem Moment, in dem ich meine Dreißig-Zentimeter-Säge wegen der geringen Reichweite verfluchen wollte, weil sie für diesen Stammdurchmesser einfach zu kurz wirkte, hörte ich ein typisches, in manchen Ohren gewiss gefährliches Knirschen und Knarzen. Der Stamm der Kastanie bewegte sich leicht und dann plötzlich rasend schnell. Der erste auf dem eigenen Gelände abgesägte Baum – na ja, wenigstens ein superdicker Ast – fiel unter Krachen der morschen und splitternden Äste aufs Gras der Wiese. Ich atmete auf.

Meine Frau hat den Moment der Fällung gefilmt, sicher vom großen Stubenfenster aus. Später am Abend, als ich mir die Videoaufnahme ansehen konnte, wurde mir wieder klar, wie rasch das geht, wie ein Stamm in wenigen Sekunden herunterkracht. Wie kurz der Moment der Sägerei für das eigentliche Fällen ist – die ausführliche Arbeit des Brennholzmachens beginnt dann ja erst. Und ich dachte natürlich auch daran, wie viele Jahre es braucht, damit aus einem Winzling von Pflanze ein veritabler Stamm erwächst. Übrigens lässt sich das Holz der Kastanie sehr gut sägen, es sieht prima aus und verströmt beim Verheizen einen angenehmen Duft. Das Holz ist allgemein eher rar, es trocknet zügig, brennt hell und leider viel zu schnell im Ofen ab. Ich liebe Kastanienbäume auch deshalb schon, weil ich als Kind in einer Kastanienallee in Oldenburg aufgewachsen bin und als Steppke einen winzigen, kaum der kleinen Kastanie entsprungenen Baum gepflanzt und niedlich über Monate mit meinem bunten Plastikeimerchen begossen habe. Diese Kastanie steht heute noch, Jahr für Jahr besuche und bestaune ich sie. Mächtig ist sie geworden und trennt auf ihre Weise zwei Wohngrundstücke voneinander. Ich verfluche schon jetzt den ignoranten Architekten, der sie eines Tages beseitigen lassen wird, weil er auf engstem Raum noch ein schickes Wohnhaus in dritter Reihe hinsetzen will. Wie für die Stadt Oldenburg üblich.

Kastanien wachsen relativ wild und neigen zu Breite, selten sieht man sie kerzengrade wie so manche Birke. Eine stolze, sehr hoch geschossene Birke entwickelte im Sommer nichts Grünes mehr, keine Triebe, keine Blätter. Sie stand dürr an einem leichten Hang, der unten zum Moor führte. Moor muss man sich auch an der Stelle nicht so vorstellen wie in den alten Edgar-Wallace-Filmen, wo schon mal ein böser Kerl im Sumpf das Zeitliche segnet. Moor ist hier nie ganz gerade gewachsen – es wächst ja nur einen Millimeter pro Jahr, heißt es. Vielleicht ein Grund mehr, es nicht abzubauen. Kein Schritt geht in der Wesermarsch geradeaus. Es ist zumindest etwas ebener als an meinem Studienort Tübingen, wo man in der kleinen großen Stadt am Neckar rauf- und runtermarschieren musste. Nicht abgetorfte Wiesen liegen in der Wesermarsch erfahrungsgemäß höher als andere, und an so einer Kante stand die Birke.

Diese Kante war von Büschen bewachsen. Generationen hatten dazu eine Art kleinen Wall hingeschoben und an manchen Stellen diverse Sachen aufgeschüttet, Geäst hingeworfen, auch Müll wie Ledersohlen oder Glasflaschen entsorgt in einer Zeit, in der es noch keine reguläre Müllabfuhr in der Wesermarsch gab. Da könnte man beim Buddeln leicht Feldforschung und Konsumanalyse betreiben, auch medizinhistorisch ist das gewiss von Interesse, schließlich entdecke ich immer wieder alte Fläschchen von Togal oder Röhrchen für Kopfschmerztabletten wie Melabon. Die Ur-Oma, so erzählt man sich in der Familie, hatte über Jahre gegen Hüftbeschwerden und schlimmste Migräne zu kämpfen.

Die abgestorbene Birke – war das Alter oder der Stress durch monatelange Trockenheit die Ursache? – stand fast kerzengrade in der Landschaft. Das Feld davor war frei, es herrschte noch strenger Winter, Sonnenstrahlen brachen nur langsam durch die Wolken. Ich konnte den Baum aufgrund meines Lehrgangs und der gewonnenen Sicherheit hinfallen lassen, wo ich ihn hinhaben wollte – jedenfalls ungefähr, Kompromisse muss man stets machen. Ich begeisterte mich wie ein Hundewelpe vor dem vollen Napf.

Ich hatte an dem Wochentag frei und machte mir ein Fest aus der Fällung. Zunächst bereinigte ich die Fläche unten am Stamm, damit man weder stolpert noch beim Sägen behindert wird. Störende Äste und Gestrüpp entfernte ich großzügig mit Säge und Motorsense. Vielleicht sollte ich penibel die Höhe des Baums notieren? Die Fachliteratur kennt Kniffe, wie man mit Winkelschätzungen und Meter-Abschreiten tatsächlich errechnen kann, wie hoch der zu fällende Baum ist. Man spricht dann von einem sogenannten Försterdreieck. Bestimmt wird die Baumhöhe danach aus der Schrittlänge plus der Schrittzahl plus Körpergröße – wenn man am richtigen Punkt steht und einen Stab bei sich führt. Natürlich ist mir das letzten Endes viel zu kompliziert, so etwas beherrsche ich nicht und brauche ich auch nicht.

Ich weiß, es gibt unter Holzkennern viele Verächter der Birke, manche sagen, deren Holz brenne so unverschämt schnell ab, dass man kaum nachfeuern könne. Für mich ist die Birke neben der Kastanie ein Lieblingsbaum. Warum? Sie sieht mit ihrer weißen Rinde einfach schön aus, sie wächst schnell, sie gehört hier zur Landschaft, das Holz trocknet zügig, brennt gut und mit bläulich heller Flamme – was will man mehr? Dagegen verachte ich ein wenig das gerade in Deutschland so hochgeschätzte und von Dichtern umjubelte Eichenholz, das mit kleiner Flamme kokelt und vorher ewig trocknen muss. Von der unangenehmen Härte beim Spalten mit der Axt gar nicht zu reden.

Hier war die Birke, da die Motorsäge. War ich früher ein Hektikbeutel, so strahlte ich jetzt in meinen Augen Ruhe, ja Sicherheit und Besonnenheit aus. Es konnte losgehen. Die Sonne lugte passend immer häufiger hinter den Wolken hervor.

Ich war allein mit dem Baum. Manchmal denke ich in solchen Momenten an die zahlreichen Märchen, Sagen, Mythen und Legenden, in denen Bäume eine Rolle spielen – durchaus nicht immer in einem positiven Sinn. Etwa die Geschichte, dass ein Kupfernagel einen ganzen Baum töten kann – völliger Blödsinn! Oder dass eine Glasflasche, die achtlos in den Wald geworfen wurde, wie ein Brennglas ein Feuer auslösen kann – was noch niemals geschehen ist. Es gibt historisch gesehen geradezu göttlich verehrte Bäume, und mancher sucht sich in unserer Zeit schon zu Lebzeiten den friedlichen Baum aus, an dem er einst bestattet werden will. Es existieren aber eben auch Geschichten um ziemlich teuflische, von Geistern besessene und von Hexen umtanzte Bäume. Andererseits befinden sich nicht wenige Wallfahrtsorte neben bestimmten mit guten Eigenschaften verbundenen Bäumen. Und bis heute macht der Maibaum auch in der Wesermarsch vielen Menschen auf dem Dorf einfach nur Spaß, hobeln sie zwanzig, dreißig Meter hohe Stämme für die Halterungen zurecht, machen eine Feier daraus, das heidnische Teil aufzustellen und zu bewundern. Und sei es auch nur, um ein Bier darunter zu trinken.

Man kann einen Baum als solchen auch eher sachlich sehen, so wie ich in den meisten Fällen. Also sprach ich nicht mit der Birke, wie es vielleicht Esoteriker machen oder früher angeblich die Waldarbeiter in atavistischer Manier vorm Fällen, ungefähr so, wie Scharfrichter einst Vergebung von den armen Verurteilten erbaten. Ich machte es einfach, denn ich liebe das Einfache und Deutliche. Ich achte jeden Baum, sehe aber den Nutzen für uns Menschen. Also baute ich meine Utensilien auf. Die bewahre ich in einer eigens dafür bestimmten, längst ausrangierten, löchrigen Schubkarre. Da hinein gehören unter anderem ein Kanister mit dem Benzingemisch, die Flasche mit Kettenöl, eine Ersatzkette, ein wenig Werkzeug sowie der obligatorische Kombinationsschlüssel für die Kettenspannung und ein paar alte Tücher. Stiefel und Schutzanzug hatte ich an, den Schutzhelm mit Gehörschutz setzte ich auf. Um hinderliche Verklemmungen zu beseitigen, habe ich immer ein paar Keile für einen zähen Stamm dabei, aber in diesem Fall brauchte ich sie nicht.

Bei diesem Baum konnte wirklich nach Lehrbuch gefällt werden. Also setzte ich in Bodennähe deutlich vor dem Graswuchs mit zwei Schnitten einen keilförmigen Fallkerb an der Seite, nach der die Birke fallen sollte. Der Fallkerb machte ungefähr ein Drittel des Stammdurchmessers aus. An der gegenüberliegenden Seite, etwas oberhalb der Fallkerbe, setzte ich den eigentlichen, zielführenden und waagerechten Fällschnitt an. Dazwischen bleibt eine Art Scharnier im Stamm, das dann beim Fallen des Baumes bricht – die Bruchleiste. Bei den meisten Baumarten muss die Bruchleiste nach der Fällung noch vom Stock getrennt werden, so stabil ist die Verbindung.

Da es sich um einen geraden Baum handelte, der keine natürliche Neigung hatte, konnte er tatsächlich in jede Richtung fallen. In meinem Fall sollte es die tiefer liegende Wiese sein. Die Birke war nicht gerade dick, die Säge mit dem Dreißig-Zentimeter-Schwert reichte völlig aus. Anders vorgehen muss ich natürlich bei massiven, bis zu sechzig Zentimeter dicken Stämmen, bei denen ich dann zwar auch mit einer Dreißig-Zentimeter-Säge agieren kann, aber von mehreren Seiten Stücke herausarbeite und Kerben in den Baumstamm säge, damit das Prinzip überhaupt funktioniert. Das kann zuweilen eine langwierige und komplizierte Sache werden.

Es ist seltsam, dass man den Moment, in dem der Stamm stürzt, kippt, umfällt, tatsächlich nur kurz, fast wie eine schemenhafte Erscheinung wahrnimmt. Und das war es schon. Erstens steht man generell auf der Gegenseite des fallenden Baums, zweitens bringt man sich in genau dieser Gegenrichtung mit ein paar Schritten in Sicherheit, drittens denkt man schon an den nächsten Punkt: das Entasten des Baums. Das ist die eigentliche, oft zeitraubende, schweißtreibende und auch gefährliche Arbeit, bei der man wieder einmal am liebsten schon fertig sein will, wenn man anfängt.

Mit einem tüchtigen Nachbeben und leichten Aufbäumen knallte der Baum in der geplanten Fallrichtung auf die Wiese, verlor ein paar lose Äste, federte noch einmal hoch und legte sich dann ruhig hin. Aber diese Ruhe ist trügerisch, Vorsicht ist angesagt. Die habe ich auch schon mal vernachlässigt – so ein grober Anfängerfehler fand ein paar Tage später, also immer noch am Beginn meiner Säge-Karriere statt. Ich wollte mit einer bereits merklich unscharfen Kette hinten auf der Wiese am Rand eines Grabens mal eben eine Birke absägen. Wozu die Kette wechseln? Es war ein neblig feuchter, von mir so geliebter Herbsttag, bei dem die Wesermarsch immer herrlich verwunschen und heimelig aussieht. Dampfende Schwaden zogen über die Wiesen, irgendwo krächzte wie üblich ein Fasan herum, dem sein Widerpart von der nächsten Wiese antwortete.

Die Birke am Graben war nicht superhoch, vielleicht acht Meter. Sie war nicht sonderlich dick, vielleicht im Stammdurchmesser fünfzehn Zentimeter. Also konnte es rasch und einfach vonstattengehen.

Das Dumme war, dass ich die Hälfte des etwas schräg gewachsenen Baums unten bereits im Stamm angesägt hatte – es würde sich bei dem Hänfling nicht lohnen, dachte ich, groß mit Fallkerb etc. zu arbeiten. Muss man nicht mal improvisieren? Also zog ich locker mitten im Fällen die Säge aus dem halb durchgesägten Stamm, ging ein paar Meter entfernt zu meinen Utensilien und wechselte nun doch bei der Schubkarre in aller Ruhe die Sägekette. Kleine Späne, fast schon Sägemehl, hatte die Motorsäge nur noch ausgeworfen, sie lief ein wenig heiß und kam in dem Stamm nicht mehr recht voran, man musste schon mitdrücken, um sie zum Schneiden zu zwingen – untrügliche Zeichen für eine stumpfe Kette.

Unvermittelt hörte ich hinter mir ein Knirschen und Knacken. Eine Bewegung am Rand meines Gesichtsfeldes veranlasste mich, den Kopf zu wenden, und im Bruchteil einer Sekunde wurde der durchschnittliche Baum an einem durchschnittlichen Tag fast zum Albtraum. Als ich mich ganz umdrehte, krachte der Baum bereits einige Meter rechts von mir auf den Acker.

Die Spannung im Stamm war zu stark gewesen, das Gewicht zu groß, der Schnitt schon zu weit fortgeschritten. Ich hatte pures Glück, dass ich nicht in der Fallrichtung stand und erschlagen wurde. Ab da legte ich jeden Leichtsinn ab. Jedenfalls bis zum nächsten Mal. Ich hoffte, meine Lektion in Sachen Vorsicht gelernt zu haben. Schließlich säge ich ja auch kein Stückchen Holz, ohne meine Schutzkleidung anzulegen. Allerdings erspare ich mir, wenn ich weithin allein auf einer Wiese bin, den beigebrachten und sonst obligatorischen Warnungsruf „Achtung!“ direkt vor der Ausführung des Fällschnitts. Es käme mir doch zu lächerlich vor.

Äste können auch nach dem Fall eines Baums unter mächtiger Spannung stehen. Dicke, gefährlich aussehende Äste säge ich beim Entasten im Falle des Falles vorsichtig von beiden Seiten an. Und da, wo der Druck am stärksten ist, wo die Säge, wenn ich einfach weitermachen würde, ganz sicher stecken bliebe, trenne ich nur ein Drittel des Stamms durch. Dann kommt die andere Seite, die sogenannte Zugseite dran. Und nicht vergessen sollte man, dass Ästchen und harmlos aussehende Zweige gern in die Augen stechen – deshalb bleibt die gesamte Sicherheitsausrüstung mit Helm, Visier und Gehörschutz während des Entastens bestehen.

Der Rest ist intensive Arbeit mit der Motorsäge. Ich stelle mich rechts vom Baum und säge vom Körper weg links vom Stamm die Äste ab. Die Schiene liegt dabei in der Regel immer schön eng am Stamm an. Ich versuche sicher zu stehen, nie unter hängengebliebenen Ästen zu arbeiten und nicht die Säge mit einer Hand laufen zu lassen, während ich unvorsichtig mit der anderen bereits abgesägte Äste beiseite und aus dem Weg werfe. Allerdings: Die ganz dicken Äste teile ich vom dünnen Teil her und portioniere die Stücke an Ort und Stelle praktischerweise schon so, dass sie in den Ofen passen würden.

Manchmal habe ich – aus welchen Gründen auch immer – keine Zeit und keine Möglichkeit dazu. Dann länge ich etwa Meterstücke ab, die ich später mit einem kleinen Anhänger abhole, um sie noch später auf meinem Sägebock zu zerkleinern. Naht ein Unwetter oder wartet die Frau ungeduldig (was in meinen Augen auf das Gleiche hinauslaufen kann), muss es eben fixer gehen. So einmal bei unserem Nachbarn Axel, der mich bat, seine abgestorbenen Birken an einer Wiesenecke zu fällen. Da verzichtete ich, über vierhundert Meter von unserem Gelände entfernt, auf die Kleinsägerei, zumal ein Gewitter drohte. Ich sägte zügig große Stücke, hob sie auf den Hänger, der angeblich fast 250 Kilogramm verträgt, und juckelte, damals noch der alte Rasentraktor der deutschen Firma Gutbrod vorneweg, zu meiner Sägestelle. Da konnte ich umgehend abladen und die nächste Fuhre holen – ein befriedigendes Gefühl.

Eine Schubkarre würde es notfalls auch tun, selbst Bollerwagen – in unserer Grünkohlregion nicht selten anzutreffen – können inzwischen sechzig, siebzig Kilogramm bewegen. Allerdings kommen bei einem Holzeinschlag schnell ein paar Hundert Kilo zusammen, da ist man ewig unterwegs, die Arme werden müde und man verliert den Spaß an der Sache. Außerdem trampelt man durch häufiges Gehen mit kleinen Lasten regelrechte Wege in die Wiese, die man bestimmt nicht haben will. Mittlerweile habe ich mir deshalb gerade für unser weitläufiges Gelände und die Holztransporte ein preiswertes Quad zugelegt. Ein lieber Nachbar und Kfz-Mechaniker hat mir eine simpel zu bedienende Anhängerkupplung angeschweißt, sodass ich neben einer kleinen Rasenwalze auch einen robusten Gartenanhänger nutzen kann. Es ist kein regulärer, im Straßenverkehr zugelassener Anhänger, sondern ein blechernes, einachsiges, stark verbeultes Teil, das ursprünglich für Rasentraktoren entwickelt wurde.

Quads sind motorradähnliche Fahrzeuge mit vier Rädern ohne Rückwärtsgang. Quads sind jene Gefährte, vor denen die meisten warnen, die also nicht den besten Ruf haben, weil sie leicht umkippen und man relativ schutzlos draufsitzt. Angeblich ist das Risiko, bei einem Quadunfall verletzt zu werden, im Vergleich zu einem normalen Pkw um den Faktor Zehn erhöht. Ich habe das gebrauchte Fahrzeug, das vorher straßentauglich und TÜV-geprüft war, gleich nach dem Kauf offiziell abmelden lassen. Schließlich kurve ich nur auf dem eigenen Gelände herum. Da ich zudem ausschließlich im ersten Gang schön langsam tuckere, die Kurven großzügig und mit angepasster Körperhaltung nehme, einen Hang nicht extrem schräg anfahre und nur notwendige Touren unternehme, habe ich keine Bange.

Mein Quad hat dicke Reifen und eine kräftige Maschine. So ein Gefährt ist enorm nützlich, weil es passend zu unserem ziemlich unwegsamen Gelände hochgelegt ist. Anders sieht das bei meinem Rasentraktor von Husqvarna aus. Wenn ich damit auf mehrere unserer Wiesen juckle, kann es leicht passieren, dass das tiefer gelegte Mähwerk schon an einem der mächtigen Maulwurfshügel oder durch eine offen liegende Baumwurzel Schaden nimmt. Das Mähwerk jedesmal abzubauen, erscheint mir zu umständlich. Außerdem fahren Rasentraktoren nicht gerade schnell, sie haben auch nicht so viele PS wie ein geländegängiges Quad. Meine Frau bezeichnet das Teil allerdings als ein weiteres Männerspielzeug in meiner stetig wachsenden Technik-Sammlung, ich als einfach praktisch und für die Arbeit natürlich vollkommen unabdingbar.

Ganz sicher lasse ich, dafür sause ich dann doch zu gern mit dem Quad herum, das in diesen Zeiten stetig wertvoller werdende Brennholz nie lange auf einer feuchten Wiese liegen – es wird dadurch nicht besser, im Gegenteil. Ich habe sogar schon manchmal alles für die Brennholzgewinnung an Ort und Stelle gemacht: den Baum gefällt, das Holz fertig für die Axt portioniert in Stücke gesägt und dann – einen gerade eben gesägten Klotz als Grundlage – noch in ofenfertige Scheite zerhauen. Diese Methode empfiehlt sich, wenn man keine Lust oder Möglichkeit hat, lange Stücke zügig abzutransportieren.

Bei schwerem Holz arbeitet man rückenschonend am besten mit einer sogenannten Packzange. Das ist ein enorm praktisches mechanisches Teil. Damit lassen sich durch Hebelwirkung mit einem festen Griff dicke Äste und Abschnitte von Stämmen bequemer von der Erde auf den Sägebock, den Hauklotz oder einen Anhänger hieven. Bäume säge ich möglichst weit unten am Stamm ab, knapp oberhalb der Grasnarbe. Die Säge sollte sich in keinem Fall in Erde oder Gras fressen, das schadet der Kette und dem Motor. Der Mühe, die verbleibenden Baumwurzeln vollständig auszubuddeln, unterziehe ich mich nicht. Ich sehe das auf dem Feld oder im Wald nicht als nötig an. Es ist gut für Kleinstlebewesen oder den Boden, wenn der Stumpf stehen bleibt und so über die Jahre einige Nahrung bietet. Steht der Stumpf nicht direkt im Weg, sehe ich keinen Grund, den Boden aufzureißen, um das nach meiner Erfahrung enorm langgezogene Wurzelwerk zu beseitigen.

An einer Stelle konnte ich sogar beobachten, wie nach Jahren aus einem abgesägten Stumpf noch ein Bäumchen wuchs, eine Birke. Selbst Eichenstümpfe sollen, was für ein schönes Phänomen, immer wieder dem eigenen Nachwuchs förderlich sein. Eine Birke, die ich in Hüfthöhe fällte, weil sie viel zu nah unser Haus bei Sturm bedrohte, diente meiner Frau als Untersetzer für einen großen Blumentopf. Bis der nach langer Zeit wackelte und im Inneren des Baumstumpfs der Teufel los war: Nicht nur Ameisen krabbelten da herum, Holzstückchen fehlten plötzlich, kraterförmige Löcher taten sich auf, Vögel holten sich Material, die Rinde fiel nach und nach ins Innere des Torsos.

Manchmal allerdings säge ich mir beim Fällen eines dickeren Baums einen Abschnitt im unteren Teil eines Stamms zurecht, um für die nächsten Jahre einen Hackklotz zu haben. Auch der geht irgendwann bestimmt kaputt und wird dann wieder selbst zu Brennholz zersägt, wenn er schief, morsch und wacklig geworden ist. Das nennt man dann wohl einen biologischen Kreislauf oder gutes Recycling.

Es ist nach dem Fällen mühselig, aber notwendig: Äste, die beim Entasten anfallen und nicht für den Ofen taugen, schleife ich auf einen Haufen am Ende der hintersten Wiese. Da kann das Zeug abtrocknen, zusammensacken, zu Dünger und Tierversteck werden. Selbstredend ist das Abtransportieren und Wegschleifen angenehmer, wenn die Äste blätterlos sind. Früher, als noch keine entsprechenden EU-Anordnungen existierten, die national umgesetzt werden mussten, konnten wir Freunde, Nachbarn und Verwandte im Frühjahr zu einem robusten Osterfeuer einladen, ein Brauchtum, das mit dem Abfackeln des Gestrüpps allen mächtig prasselnd Spaß machte. Es gab Bier und Brot, wirklich alle hatten Freude daran. Alte Kumpels reisten an, Bekannte kamen, Nachbarn unterhielten sich.

Doch die zunehmenden EU-Verordnungen führen offenbar immer zu Verboten. Die Zeit des Osterfeuers ist für uns vorbei, leider. Theoretisch dürften wir zwar noch ein Feuer machen, müssten aber zahlreiche behördliche Auflagen überwinden und dabei unter anderem in Kauf nehmen, dass jedermann zu dem privaten Ereignis kommen kann – in meinen Augen ein heikles Unterfangen. Vielleicht ist das Verbot aus Gründen der Umweltschonung sinnvoll, vielleicht nicht. Wir sind zwar immer vor dem Anstecken des Osterfeuers um den Brennhaufen herum gelaufen und haben ordentlich Krach gemacht, aber wir haben nicht völlig umgeschichtet. Sicher war man also nie, ob nicht noch ein paar Tiere im Strauchgut hockten. Keine Ahnung, wer die folgenden Worte zuerst gesagt hat, aber sie gehen mir bei solchen Problemen durch den Kopf: Von zwei Dingen sollte man besser nie wissen wollen, wie sie gemacht werden – Würste und EU-Politik.

Einen maschinellen Häcksler oder Gartenschredder, der für Hackschnitzel sorgt, habe ich mir nicht angeschafft. Wahrscheinlich, weil es mir zu industriell ist, weil ich keine Lust habe, jedes Ästchen dort hineinzuschieben. Jedenfalls werfe ich bis heute viel Gestrüpp auf den ehemaligen Abbrennplatz des Osterfeuers, dort sackt es nach und nach in sich zusammen. An einem anderen Ort habe ich mit viel Freude eine weitere Abladestelle geschaffen, eine Hecke. Pfähle wurden in einer Linie in die weiche Erde gerammt, vorsichtig mit einem Vorschlaghammer, sodass die Pfähle am oberen Ende keinen Schaden nehmen. Auf diese Weise entstanden im Abstand von vielleicht einem Meter zwei parallele Reihen von Holzpfosten, zwischen die ich längeres Geäst und etliches Gehölz zwänge. Das sieht gut aus, bildet eine Abgrenzung und der Inhalt der Hecke verrottet schnell. Manchmal blüht sogar was. Außerdem können sich in dem Gestrüpp etliche Tiere ansiedeln. Der Igel fühlt sich wohl, Erdkröten finden Unterschlupf, diverse Insekten schwirren im Sommer herum. Diese Art von Hecke nennt man Benjeshecke. Sie bietet nebenbei auch einen guten Windschutz. Und sie ist äußerst preiswert und einfach in der Erstellung. Wohnt man in der Stadt, muss man mit Ästen, Zweigen und anderem Grünschnitt nicht den Kofferraum des Wagens vollpacken und extra zur Deponie fahren.

Dass ich inzwischen trotz aller Routine nicht fortlaufend und womöglich noch Woche für Woche Bäume fälle, versteht sich schon aus ökologischen und ästhetischen Gründen. Im Gegenteil, ich pflanze Bäumchen so oft ich kann. Nicht zuletzt wegen der veränderten Bedingungen durch den Klimawandel geschieht das bunt gemischt, achte ich auf eine nachhaltige Wirtschaft – soweit nicht vollkommen ausgehungerte Rehe den Jungpflanzen den Garaus machen, wenn sie nicht gerade die Rosensprossen meiner Frau anknabbern. Leider lieben gerade Rehböcke, aber auch Hirsche Bäume. Sie bilden jährlich ein neues Gehörn oder Geweih aus. Das wächst unter weicher Basthaut heran. Wenn das Wachstum beendet ist, „fegt" der Bock die Bäume: Er versucht, diesen Bast durch kräftiges Reiben an Bäumen loszuwerden. Es wäre unendlich mühsam und teuer, unser gesamtes Gelände einzuzäunen. Versuche solcher Art fanden bei einem neu zugezogenen Nachbarn statt, nur leider ließ er sein Einfahrtstor immer offen und wunderte sich dann über die Schäden.

Mit einem hübschen Jägerzaun in Hüfthöhe wäre es ohnehin nicht getan, Rehe können mächtig hoch springen. Inzwischen habe ich einigen Stammschutz aus Plastik und Baumschutz aus Draht für Jungbäume im Internet bestellt und nach und nach an Neupflanzungen ausprobiert. Die Plastikteile dieser Hüllen gefallen mir allerdings nicht, weil sie sich nach Jahren nicht nur hässlich verfärben, sondern sich auch noch ablösen und als Teilchen im Acker verschwinden. Nicht nur meine Frau warnt zu Recht, das könnten eines Tages Rinder, Pferde oder andere Tiere fressen.

Trotz rindenhungriger Rehe werde ich wohl immer genügend Holz haben. Das liegt auch ein wenig an solchen Namen wie Herwart oder Friedrike. Die erledigen das zuweilen für mich. Geht der Holzvorrat, weit vorausschauend, das heißt in Jahren gedacht, irgendwann zur Neige, grummele ich vor meiner Frau herum, dass es kritisch werden könnte. Vorrat muss her. Welcher Baum darf es denn sein? Wo befinden sich dicke Äste, die garantiert im Wege sind?

Meine Frau beruhigt mich dann gern und richtig: „Warte nur den nächsten Sturm ab! Bald gibt es genug zu sägen."

Wie so oft hat sie natürlich recht.

Stürme fegen nach und nach gerade im Januar und Februar unsere Wälder leer. Allein vor zwei Jahren spielten die Sturmtiefs in unserem Wäldchen ordentlich Mikado, manche Bäume knickten um wie Streichhölzer. Am Ende waren durch massive Böen sogar zwei nebeneinander stehende Birken ineinander gekracht. Die eine lehnte gefährlich an der anderen. Beide konnte ich nicht mehr retten, außerdem musste ich mich auch noch vor dem Bruchholz, das auf der Erde lag, in Acht nehmen. Wenn Orkane hohe Bäume nur anknicken, aber nicht vollständig fällen, ist unbedingt zu überlegen und zu beachten, wo gefährliche Spannungen durch Stämme oder Äste entstehen. Es gilt auch da der Satz, den mein Vater immer so gern sagte, eine

Juno im Mundwinkel: Gut gucken hilft!

Allerdings hatte er keine Ahnung vom Baumfällen, sondern meinte seinen Kleingarten mit Kartoffeln, Bohnen und Erdbeeren.

Holzhacken ist deshalb so beliebt,
weil man bei dieser Tätigkeit den Erfolg sofort sieht.

Albert Einstein

DAS HACKEN

Da kein Mensch ganze Bäume in den Ofen schiebt, muss vermeintliches Brennholz in Stücke gesägt werden. Ein wichtiges Arbeitsutensil ist dabei der klassische Sägebock. Er ist in meinem Fall aus Holz und uralt, wir haben ihn vor vielen Jahren mit dem früheren Bauernhof übernommen. Immer wieder löst sich altersgemäß das eine oder andere Brettchen an der Seite, das ich dann leicht verzweifelt wieder festschraube oder ersetze. Der hölzerne Sägebock wird von mir verhätschelt, ich kann das klapprige Teil einfach nicht entsorgen. Er ist nicht schön, aber total praktisch. Er sieht schwach aus, ist aber nach wie vor stark genug. Er passt irgendwie zu mir, unter anderem, weil ich keine Bedenken haben muss, beim Sägen aus Versehen in ein Metallgestänge zu kommen, was meine Sägekette ruinieren würde. Also hieve oder lege ich längliche Teile eines Stamms auf den Bock und säge sie in ungefähr ofenlange Stücke. Herunterfallendes Holz wird zwischendurch mit dem Fuß beiseitegekickt – damit man nicht stolpert. Rundes Holz kann beim Darauftreten wie eine Kugel wirken und die Standfestigkeit gefährden. Auf das Sägen folgt das obligatorische Hacken.

Das ist doch einfach? Spalten ist ein prima Sport? Man schnappt sich eine Axt, legt das Holzstück auf irgendeinen Klotz und schlägt zu. Fertig sind die Holzscheite für den Ofen.

Von wegen. Es gibt inzwischen jede Menge Bücher über die Herstellung von Brennholz, das schönste stammt von dem norwegischen Schriftsteller Lars Mytting mit dem hübschen wie leicht ironischen Titel „Der Mann und das Holz“. Er beschreibt in dem Bestseller unter anderem, dass es fast eine Philosophie ist, wie man hackt, auch womit man sein Holz hackt. Jahrelang habe ich zum Beispiel mit einer billigen, viel zu schweren Spaltaxt gearbeitet. Wer weiß schon als Laie, dass es Unterschiede gibt, ja ganze Welten trennen Spaltäxte voneinander. Es gibt welche, die so edel sind, dass man sie in einer Art Diplomatenkoffer kauft und aufbewahrt. Andere werden bei Discountern für ein paar Euro verschleudert.

Bruchsicherheit und ein langer, geformter Stiel sind in meinen Augen wichtig. Als ich das erste Mal überflüssiges Wurzelwerk, das halb und hartnäckig in der Erde steckte, bearbeitete, lernte ich diese Unterschiede kennen. Eine alte Axt aus der Scheune mit einer scharfen Klinge und einem langen Stil kappte die Wurzeln, als seien die aus Butter. Die stumpfe, kurze Axt mit dem breiten Kopf hatte vorher wie auf Gummi draufgehauen und einen regelrechten Tanz aufgeführt, den ich geradeso ohne Schaden überstand.

Ein Spalthammer ist vorn relativ dick und schwer und wirkt dadurch auf den ersten Blick stumpf. Eine solche Axt soll mit ihrer Wucht spalten, nicht Bäume fällen oder Wurzelwerk trennen. Vor drei Jahren habe ich mir endlich zum guten Holzspalten ein für meine Verhältnisse besseres Teil zugelegt, eine hochwertige Fiskars-Axt mit Siebzig-Zentimeter-Stiel, genau für meine Armlänge gedacht. Der glasfaserverstärkte Kunststoff des Schafts und der spitze Metallkeil sind zur Sicherheit unlösbar miteinander verbunden – eine geniale Idee der finnischen Tüftler. Vorher, bei meinen älteren Äxten, gingen genau diese Teile nach einigem Wackeln auseinander und mussten in Fummelarbeit mühselig wieder verbunden werden. Wahrscheinlich ist meine Fiskars-Axt mit dem doppelgehärteten Stahl ein Gerät fürs Leben. Ich habe ihr jedenfalls schon mal einen Ehrenplatz in der Scheune zugewiesen. In der mitgelieferten Plastiksicherung wird die Axt nach dem Gebrauch trocken gesäubert und an die Wand gehängt. Gleich in der Nähe vieler Stihl-Geräte, die übrigens mit einem ähnlichen Orange glänzen wie die finnischen Helfer.

Gegenüber der alten Spaltaxt ist die neue federleicht, mit ihr macht es Spaß, ordentlich Schwung zu holen. Die Klinge sollte übrigens nicht von eigener Hand geschärft werden, da man dabei viel falsch machen kann. Wo ich früher an festgewachsenen Astgabeln mit meiner alten, einfachen Axt verzweifelte, löst sich heute das Problem mit zwei, drei Schlägen. Nebenbei, ich habe probiert, wie Profis gern anregen, zur Rückenschonung einen alten Autoreifen über den Hackklotz zu streifen, damit die Scheite nicht dauernd auf den Boden purzeln, wo ich sie dann aufklauben und möglicherweise zum nochmaligen Spalten wieder auf den Klotz legen muss. Aber die Autoreifen-Methode, die auch gern als Geheimtipp gehandelt wird, funktioniert nicht sauber, der Reifen lässt sich meist nicht richtig über den Klotz stülpen, er verrutscht zu häufig, ist zu groß oder zu klein. Noch so eine Sache, die ich probierte und dann schließlich für mich verwarf.

Ich liebe das Geräusch, wenn das Holz gespalten wird, wenn der Metallkeil der Axt in den Scheit fährt, dieses Klack, mal heller, mal dunkler im Ton, klingt in meinen Ohren nach Glück. Man hört da schon, ob das Holz gut ist, ob es schwer ist, ob es schon etwas trocken ist. Die Erfahrung erlaubt mir heute, dass ich Holzstücke schon vorm Spalten ziemlich genau darauf einschätzen kann, ob sie leicht oder schwer spaltbar sind, ob sie Ärger machen oder brav sein werden. Frisches Holz lässt sich besser spalten als trockenes. Und es ist immer klüger, das Stück von oben nach unten, also von der Krone zur Wurzel vorgehend, nach und nach zu spalten. Man benötigt dann nicht zu viel Kraft. Wie lautet ein passender, recht heftiger Merksatz? „Das Holz reißt wie der Vogel scheißt."

Für große Mengen an Holz empfehlen Forstwirte und naturgemäß auch die stets beratungsfreudigen Motorgeräteverkäufer einen hydraulischen Holzspalter. Der zerhaut mit mächtiger Energie selbst größere Teile in kurze Abschnitte. Ich finde so ein Gerät nicht gerade romantisch, es braucht meist einen Stromanschluss und es sieht zu sehr nach professioneller und industrieller Massenarbeit aus. Aber das ist mein jetziger Eindruck, weil ich die traditionelle Methode mit der Axt bevorzuge – und so etwas kann sich im Laufe der Zeit durchaus ändern.

Eine Schutzbrille, am besten eine aus Plastik, sollte beim Hacken unbedingt Pflicht sein. Nichts ist wertvoller als unser Augenlicht, im äußersten Notfall, wenn gerade nichts anderes zur Hand ist, darf es auch mal eine Sonnenbrille sein. Brillenträger können die Plastikbrille als Brille darüber nutzen, als Überbrille. Ich bevorzuge kratzfeste Plastikversionen mit einem dünnen Gummiband aus dem Baumarkt. Selbst wenn man sich nicht schwer verletzt, sind Augenprobleme immer nervig. Am Anfang habe ich mir einmal ein wenig Staub beim Klauben und Wühlen in einem Haufen von fertigen Scheiten in die Augen geholt. Fast lustvoll und gedankenlos rieb ich daraufhin die juckenden Augen, weil es zwickte und zwackte, und machte dadurch alles natürlich noch viel schlimmer.

Mit ein paar Augentropfen war es Stunden später nicht getan. Man glaubt gar nicht, wie viel Zeit man auf dem Weg zum Augenarzt und in Wartezimmern verbringen kann. Dagegen ist das Aufsetzen einer billigen Schutzbrille eine Bagatelle. Natürlich sind die Schutzbrillen auch deshalb gut, weil sie seitlich das Eindringen von Staub verhindern können. Sicher, Brillen machen keinen Spaß, besonders, wenn sie von innen leicht beschlagen und man sie häufig auswischen muss oder wenn sie auf der Nase zu kribbeligen Hautreaktionen führen. Von Zeit zu Zeit sind die fast schon zu gut abschließenden Plastikbrillen zu lüften und einfach mit klarem Wasser zu reinigen. Manche Schutzbrillen sind etwas teurer, haben aber dafür Lüftungslöcher eingebaut. Sie beschlagen nicht ganz so schnell.

Es ist ziemlich sinnlos, im strömenden Regen und auf matschigem Boden zu hacken. So, wie es auch sinnlos ist, bei ungünstigem Wetter zu sägen. Die Rutschgefahr ist zu groß, die Holzscheite fallen in den Dreck und sehen furchtbar aus, wenn man sie zusammensucht und stapelt – der Dreck wird mit der Zeit trocknen und kann eventuell abgefegt werden, aber das muss nicht sein. Holz, das man trotz ewigem Daraufherumhackens nicht mehr leicht teilen kann, weil es knorrig, zu dick oder aus Kirsche ist, muss man eben noch mal mit der Motorsäge bearbeiten – dann lassen sich die Stücke bestimmt spalten.

Unbedingt vermeiden sollte man, Holzstücke samt Axt darin über den Kopf zu schwingen. Derlei sieht zuweilen in Filmen gut aus, zumal dann natürlich ein ideales Holzscheit munter purzelt – nur dass es nicht immer funktioniert, das Holzstück schon mal auf einem selbst landet, wie es mir am Anfang zustieß. Zum Glück hatte ich eine Kapuze auf. Man kann sich gerade bei dieser Arbeit durch Abenteuerlust, Unvorsichtigkeit und Ungeschicklichkeit einige Verletzungen beibringen. Ich stelle mich immer bewusst breitbeinig hin und achte darauf, das zu spaltende Stück möglichst weit hinten auf dem Hackklotz zu platzieren. Falls man doch einmal daneben haut, passiert nicht so viel. Die Axt schwingt notfalls zwischen meinen Beinen aus. Nicht selten ist mein Schienbein trotz aller Vorsichtsmaßnahmen grün und blau von bodennah herumfliegenden Stücken. Und wenn ich Holz doch mal unvorsichtig ohne Handschuhe hole, schiebt sich garantiert ein winziger, stundenlang nerviger Splitter in einen Finger. Das gehört wohl zur Arbeit eines Laien dazu.

Man hackt, wenn es geht, auf einem selbst gesägten

Hackklotz (es sollte hartes, nicht zu weiches Holz sein) ansonsten munter drauf los. Man schont den Klotz, wenn man nach dem Hacken ein Brettchen auf die Oberfläche legt. Manche meinen, dass Holzhacken ganz entschieden dem Stressabbau dient. Meine Frau erzählte mir von einem amerikanischen Arzt, einer chirurgischen Koryphäe, der nach den Stunden schmachtete, in denen er fernab vom Krankenhausstress in einem gemieteten Garten unerkannt von Patienten auf Holz hacken konnte. So baute er Muskeln auf und angestaute Aggressionen ab. Was dann mit dem Holz geschah, soll ihm egal gewesen sein.

So oder so: Holz macht etwas mit uns, Holz hat etwas Ästhetisches, Holz spricht uns an. Farbe und Struktur spielen dabei eine Rolle. Natürlich spalte ich lieber einen klaren Block sauber mit einem Schlag in mehrere Teile und selbstverständlich ärgere mich über ein stark verastetes Holzstück – aber im Ofen brennt es trotzdem gut. Verwittertes, extrem trockenes Holz ist oft schon grau geworden. Na und? Ich nehme es beim Hacken nicht zu genau: Die Stücke dürfen gern klobig oder schräg aussehen, Hauptsache, sie passen noch in den Ofen und wärmen ordentlich. Und war es nicht der große Aufklärer und Dichter Gotthold Ephraim Lessing, der sinngemäß auf eine Kritik hin gesagt haben soll, mein Kind ist zwar bucklig, aber es ist mein Kind?

Vor einiger Zeit sind wir mit einer berühmten Sängerin, die wir persönlich schon lange kennen und als Künstlerin außerordentlich schätzen, ein weiteres Mal durch unseren Garten flaniert. Sie entdeckte meine neuen, frisch gehackten Holzstapel. Da nicht alles so hübsch industriell gleich wie aus einem Baumarkt aussah, da ich zudem auch kleinere Stücke gern aufhebe (die sich leider viel schwieriger stapeln lassen), sagte sie mit Blick auf mein Holz mit jenem feinen Unterton der Herabsetzung, wie nur Künstler einen Nicht-Künstler herabsetzen können: Du hast sehr viel Anzündholz!

Sie wollte damit eigentlich ausdrücken, sie habe wesentlich besseres Holz. Hat sie ganz bestimmt, aber genormt und gekauft, denn ich kann mich nicht erinnern, dass sie je die Säge benutzt, geschweige denn eine Axt geschwungen hat. Anders gesagt: Die Gleichförmigkeit und Sauberkeit der gerade in Baumärkten angebotenen Holzscheite wird man als Laie beim Hacken kaum erreichen. Muss man auch nicht.

Mich fasziniert eben das Individuelle, das Besondere. Und so ähnlich wie mit Holz bin ich ja im Grunde früher mit den redaktionellen Texten von freien Mitarbeitern, Untergebenen oder Nachrichtenagenturen umgegangen. Texte wie Hölzer sind für mich grundsätzlich Material, das man zum Besseren hin bearbeitet. Shakespeare war also eine britische Fabrik für schöne und kluge Sätze und gute Geschichten? Was der Dramatiker Heiner Müller einmal formulierte, reizt zumindest zum Nachdenken. Tendenziell hacke ich fast schon automatisch lieber kleine als große Stücke, desto schneller trocknen sie später im Holzstoß. Wer es dennoch genau haben will, muss zu Maßband oder Zollstock oder einem Modellstück greifen. Letztlich verlangt die Logik aber nur, dass das entsprechende Stück am Ende nicht aus dem

Ofen herausgucken darf.

Mit der Zeit bekommt man ein Gefühl für die richtige Länge und Dicke der Stücke, die je nach Kaminofen zwischen dreißig und fünfzig Zentimetern liegt. Das Holzstück darf nicht zu schwer sein, man muss es mit einer Hand noch gut fassen und in den Ofen legen können – weil man mit der anderen Hand ja die Ofentür aufhält. Und es schadet bestimmt nicht, wenn das Holz als Stapel oder in einer entsprechenden Kiste neben dem Ofen etwas hermacht und die Augen erfreut. Und sei es nur als Kunstwerk einen Sommer lang, bis die Feuerstelle im Herbst wieder mit Vergnügen angeworfen wird und das Scheit den Weg aller Scheite geht.

Ordnung ist das halbe Leben.

Deutsche Redewendung

DAS LAGERN

Laut einer wissenschaftlichen Studie aus Österreich haben holzverkleidete Wände einen positiven Einfluss auf uns Menschen. Schüler in getäfelten Klassenzimmern sollen, so besagt die Untersuchung, sichtlich weniger Stress empfinden, ihre Herzfrequenz würde sogar sinken. Holz als Beruhigungsmittel und vielleicht als Therapie? Ist nicht auch Waldbaden inzwischen zur Mode geworden?

Holz vermittelt etwas. Holz wirkt, allein schon beim Anblick. In schönen, allerdings meist kitschigen bayerischen Filmen kann man sicher sein, in irgendeiner Szene fein gestapeltes Kaminholz an den Außenwänden kuscheliger Bauernhäuser zu sehen. Das sorgt für Stressabbau. Fehlen nur noch der Almbauer in Trachtenlederhose und der treue Golden Retriever oder Bernhardiner als Hofhund schwanzwedelnd vor der Tür. Bilder dieser Art erzeugen Sehnsüchte. Voller Neid gucke ich auf diese Filmszenen, weiß aber, dass der schöne Schein gehörig täuscht. So geht es nicht, jedenfalls nicht immer. Eine Holztäfelung mag die Stimmung verbessern, aber Holzstapel an der Hauswand? Die Wand nimmt durch eine daran angelehnte Stapelei gewiss Schaden und man holt sich eine Menge an Kleintieren, vor allem Insekten, ans und womöglich ins Haus. Man darf schließlich nicht vergessen, dass inzwischen auch in unserer norddeutschen Wesermarsch das gefährlichste Tier Deutschlands lebt: die Zecke, ein blutsaugendes und schreckliche Krankheiten übertragendes Insekt.

Die Zecke ist im Norden mittlerweile nicht nur im Sommer aktiv. Sie kann selbst im milden Winter furchtbare Infektionen auf Menschen übertragen bis hin zu Hirnhautentzündungen. Der Schriftsteller Ulrich Plenzdorf, der einst den Bestseller „Die neuen Leiden des jungen W." oder das Filmskript für „Die Legende von Paul und Paula" verfasste, erzählte mir einmal bei einem Abendessen in Oldenburg von seinem jahrelangen Leiden mit verschiedenen Symptomen, die zunächst kein Mediziner zu deuten wusste. Seine Krankheit verlief wieder und wieder anders, betraf mal seine Haut, dann sein Nervensystem, die Gelenke und zum Schluss das Herz. Plenzdorfs Vermutung war immer: Eine Zecke hat mich gebissen, ich habe es gar nicht gemerkt, aber ich glaube, es ist Borreliose.

Der Autor starb 2007. Heute weiß man, dass Zecken nicht beißen, sondern stechen und dass die im Norden nicht ganz so gefährlich sind wie die Zecken im Süden. Trotzdem bin ich auf unserem Gelände, selbst auf den gepflegten Rasenstücken neben dem Haus, bis heute noch nie barfuß und nur selten in kurzen Hosen herumgegangen. Ich trage meist Gummistiefel oder zumindest höherschaftige Schuhe, meine Frau gerne ihre geliebten Clogs mit leichtem Absatz. Socken werden über die Hosen gestülpt. Zecken lauern überall, theoretisch auf einem Grashalm. Es gibt nichts Ekligeres als einen mit Blut vollgesogenen Holzbock, von dem ich unseren Kater, der das stoisch erträgt, trotz aller Schutzmaßnahmen befreien muss. Dass man sich nach dem Außenaufenthalt beim Reingehen ins Haus nach den Tierchen auch in den Achselhöhlen und

Hautfalten absucht, versteht sich. Selbst intensives Duschen, sagen die Fachleute, kann im Falle des Falles kaum die Folgen eines Zeckenbefalls verhindern. Zum Glück sind die übelsten Zeckenarten in der Wesermarsch noch selten anzutreffen. Dagegen sind Mücken-, Bremsen- oder Wespenstiche zwar nervig und juckend, aber längst nicht so gesundheitsschädigend.

Für die gute Holzlagerung gibt es einen oft zitierten tierischen Spruch: Eine Maus soll noch durch den Haufen huschen, die Katze sie aber nicht weiter verfolgen können. Inzwischen habe ich mehrere Unterstände für Holz – und mir eine Methode der Stapelung ausgedacht, die ein wenig schummelt. Diese Methode ist einfach, denn im Grunde habe ich keine – alles ist nur Fassade. Na ja, fast. Dafür zieht mich meine Frau gern auf, was mich aber nicht weiter erschüttert. Und diese Methode der einfachsten Art geht so: Ich stapele, wo es sichtbar ist, das Holz sehr hübsch, sauber in einer Reihe ausgerichtet. Immer wieder in der Geradheit kontrolliert und mit einem Holzscheit zurechtgeklopft geht es langsam in die Höhe. Das wird dann die vorderste Reihe im Holzstoß, sie stützt den rückwärtigen Teil und dient unter anderem zur Dekoration des Ganzen. Denn hinter diese Reihe, hinein in den selbst gebastelten, grob mit Blech, Gittern oder alten Dachziegeln abgedeckten Holzschober, den ich auch gern Box nenne, werfe ich das restliche gehackte Holz – größere Stücke trocknen naturgemäß viel langsamer – kreuz und quer hinein. Das führt dazu, dass Freunde und andere Gäste auf unserem Gelände oft die feinen Holzstapel bewundern, ohne zu ahnen, wie es wenige Zentimeter hinter der Bilderbuchfassade aussieht.

Ein Relikt deutscher Musterhaftigkeit? Ein kleiner optischer Betrug? Ich kehre damit nichts unter den Teppich, das Trocknen des Holzes geschieht genauso wie geplant, der Wind pfeift tüchtig durch den Stapel hindurch, die Lüftung ist prima. Später, beim Abräumen und Ausräumen des Holzes, wenn das Brennholz hoffentlich trocken und kaminfertig ist, rutscht und poltert sowieso alles wieder durcheinander.

Natürlich liebe ich trotzdem die herrliche gleichförmige, befriedigende Arbeit des Stapelns. Wäre die Welt doch immer so fein zu ordnen! Man sieht, was man macht. Das Auge ist beglückt. Gestapeltes, wohlgeformtes Holz ist unschlagbar mein liebstes Fotomotiv. Nichts scheint schöner. Für gute Gefühle sorgt auch, dass ich offenbar vieles von Anfang an zufällig richtig gemacht habe. Ich baute die Holzmieten nach Süden auf. Für die optimale Trocknung wäre auch die Westseite akzeptabel gewesen. Wobei man sich unter meinen Holzmieten nichts Besonderes vorstellen darf – das Ganze ist nicht so akkurat wie die Fertigmodelle vom Baumarkt, es ist grob gezimmert, wie es einem Laien geziemt. Links und rechts und hinten habe ich ein paar Pfähle in die Erde gerammt und festgestampft, damit das Dach des Unterstands hält. Eine Schräglage des wasserdichten, nach allen Seiten etwas überstehenden Daches sorgt dafür, dass Waser gut abläuft und nicht im Brennholz landet. Zu der Seite hin, wo ich später das Holz abholen werde (das ist bei mir der

Norden), um es zum Zwischentrocknen oder – was selten passiert – direkt zum Kamin zu transportieren, setze ich keine Latten davor. An den anderen drei Seiten schon – aber bitte grob, mit vielen Luftlöchern für eine gute Belüftung und mit altem, ungenutztem Holz oder Blech.

Es soll kein geschlossener, womöglich luftdichter Raum entstehen, sonst droht Schimmel. Keller und Garagen taugen also nicht für eine Lagerung. Wind muss durchpfeifen können, auch verrostete Gartenzäune sind für eine seitliche Abgrenzung nützlich, es entsteht eine Art Skelett aus Holz oder Metall. Als Dach mit einer überstehenden Dachtraufe dient meist altes Holz, das ich festnagle oder festschraube. Es gibt inzwischen exzellente Bohrschrauber, die mit Akkus funktionieren, dadurch kann man auch weit entfernt vom Haus arbeiten. Unter das Dach klemme und spanne ich gern altes Plastik, etwa Silofolie, preiswert bei der Genossenschaft erstanden. Das gibt zusätzliche Sicherheit, denn nichts ist schlimmer, als wenn gut gesägtes, gehacktes und ordentlich gelagertes Holz über lange Zeit unbemerkt viel Nässe abbekommt und – gerade bei uns im Moorgebiet – schimmelig und damit unbenutzbar wird. Sollte man solche Stellen, also etwa Lecks im Dach des Schobers, nachträglich entdecken, lohnt es sich, ein paar Bretter zur Regenseite hin schützend davor anzubringen. Natürlich darf man die Plastikplane nicht zu eng auf das Holz legen – das würde dann schwitzen, und die Nässe könnte nicht entweichen.

Das sieht geflickt aus? Na und: Trockenheit geht hier vor Schönheit.

Als Dach in etwa zwei Metern Höhe – man muss das Brennholz noch gut im Stehen herausholen können – dienen mir seit einiger Zeit alte Dachpfannen, noch individuell geformt, die ohnehin in einer Gartenecke herumlagen und offenbar unverwüstlich sind. Auch überflüssige Blechplatten helfen. Rötliche Dachpfannen sehen natürlich viel besser aus, gerade in einer Region, die sich mit Reetdachhäusern und Klinkerbauten schmückt. Extra kaufen sollte man Dachziegel freilich nicht. Das Dach muss zur offenen Seite hin vorgezogen sein, was sichtlich gegen Schlagregen hilft. Wichtig ist bei einer selbst gebauten Holzbox der trockene Untergrund, das Holz darf keinesfalls direkt auf der Erde liegen. Da würde es verrotten, genauso wie die Stämme, die man nach dem Sägen hinten auf der Wiese über Monate gammeln lässt. Als Untergrund empfehlen sich Schutt, Steine, kaputte Paletten, durchgelegene Lattenroste sind ideal – grobe Eisenteile und ähnliche Materialien auch – und darüber wieder Bretter, es dürfen bemalte Hölzer sein, die ohnehin nicht in den Ofen kommen dürfen. Holzunterstände kosten als Bausatz im Handel gut und gerne um die zweihundert Euro. Meine Boxen nicht, sie sind aus Resten gebaut.

Gesägtes und gehacktes Holz lasse ich nach dem Stapeln in der Regel etwa zwei Winter trocknen. Dabei schwindet etwas Volumen, einige Risse entstehen im Holz. Je höher der Wassergehalt, desto länger muss man warten. Eine Ausnahme ist alte, morsche Weide, die fast sofort verfeuert werden darf und schnell abbrennt. Auch die bei uns wachsende Moorbirke kann bei günstigem Klima gut und gern nach einem halben Jahr in den Kaminofen wandern. Trockenes Holz macht sich dadurch bemerkbar, dass fast unsichtbarer Rauch bei der Verbrennung aus dem Schornstein huscht, die Glasscheibe des Kaminofens sauber bleibt und die Flamme schön hell ist. Wenn es irgend geht, sortiere ich das Holz nach der jeweiligen Sorte. Mir ist klar, dass knorrige Eiche viel länger trocknen muss als frische Birke oder Pappel. Und natürlich merkt man sich, welcher Stapel Holz in welchem Winter reif für den Ofen ist. Ich mische Eiche beim Verbrennen mit anderen Holzarten, damit ich etwas mehr Flamme sehen kann.

Verkäufer von Brennholz werben gern damit, dass ihr gut gelagertes Holz fein getrocknet und tüchtig gereinigt ist, befreit von Insekten und Schädlingen anderer Art. Ich habe nie tiefer darüber nachgedacht, da ich ja genau weiß, woher mein Holz kommt: von der Wiese hinten. Ich fege allerdings, bevor ich einen Eimer oder die Plastikbox voll Brennholz in unser Haus schleppe, noch mal mit dem Handbesen oder einer alten Bürste über das Holz. Grober Staub, Laub oder Insekten kommen so nicht in die Wohnung. Das wirkt pingelig, als würde man mit der Zahnbürste den Bürgersteig reinigen? Nein, gewiss nicht. Es ist einfach sauberer, und Spaß macht es ja auch nicht, dicken Staub zu verbrennen und von der Frau beschimpft zu werden, weil man wieder mal Schmutz ins Haus geschleppt hat. Manchmal habe ich im Holzstapel sogar noch Reste von Vogelnestern entdeckt, das muss wirklich nicht mit ins Wohnzimmer.

Meine Holzboxen füllen sich auch durch Gesammeltes. Und wie sieht nun trockenes Holz aus? Erstens ist es etwas leichter als erwartet. Und zweitens gibt es den Trick, zwei Holzstücke gegeneinander zu schlagen und auf den Klang zu hören. Trocken klingt anders als feucht. Ein einfacher Test auf der Wiese sieht so aus, dass ich versuche, das Holz zu brechen, und wenn es sich dann in tausend Teile zerlegt und moderig staubt, kann das nicht mehr in den Kaminofen. Insekten, Pilze oder Bakterien haben schon ganze Arbeit geleistet.

Oft kehre ich am Ende des Inspektionsgangs zum Sammelplatz für das Holz zurück. Man sollte sich so einen festen Punkt unbedingt einrichten, am besten dort, wo auch der Hackklotz nicht fern ist. Das Sprichwort, Kleinvieh macht auch Mist, befolge ich bei diesen Gängen gern. Ich mische in die gehackten Brennscheite generell Kleinholz, das später als Anzündholz dienen kann. Ich sortiere also nicht immer. Das ist praktisch, weil man beim Hereinholen von Holz schon automatisch die Ofenscheite plus Anzündholz mitnimmt und nicht extra irgendwohin greifen muss. Zuweilen ärgere ich mich über mich selbst, weil ich zu viele Stöckchen aufhebe, man kann den Ofen nicht ausschließlich mit Anzündholz bestücken - diese Art Holz brennt rasend schnell ab, wärmt nicht ausreichend und macht auf die Menge gesehen viel Arbeit.

Egal um welches Holz es sich handelt: Es sollte sich akklimatisieren dürfen. Es ist nicht gut, es erst dann aus der Holzbox, der Scheune oder einem nahe gelegenen Schuppen zu holen, wenn man es unmittelbar verfeuern will. Meist hat es dann noch eine Restfeuchtigkeit auf der Oberfläche, die wie ein leichter Film glänzt. Man fühlt diese Kälte und Nässe gerade morgens mit der Hand. Sie verschwindet, wenn das Material ein paar Stunden im Haus lagern kann, am besten über Nacht.

Holz auf dem Fußboden im Wohnzimmer, fein gestapelt, sieht immer gut aus und beeindruckt besonders den großstädtischen Besucher. Das Dumme ist nur, dass man sich auf diese Weise auch Insekten und Dreck und vor allem Kratzer am Fußboden ins Zimmer holt. Empfehlenswert sind daher Schachteln, Körbe oder andere Behälter, die man optisch mag. Darin lässt sich Holz lagern, ohne den Boden zu schädigen.

Wir haben es so gelöst, dass im Wohnzimmer äußerlich drei nach oben offene Kästen aus Bast in Griffnähe neben dem Kaminofen stehen, ungefähr dreißig mal fünfzig Zentimeter messend. Da hinein haben wir genau passende, nach oben offene Plastikkisten gestellt, in denen das aktuelle Brennholz lagert. Man sieht das Holz nur von oben und nimmt das farblose Plastik durch die hübsche, natürlich wirkende Bastumrandung kaum wahr. So kommt nichts direkt auf unseren Dielenboden und es sieht auch noch schön aus.

Wieder so eine kleine Schummelei.

Die ist an anderer Stelle nicht angesagt: Beim Aufräumen. Man sollte es gern machen, am besten täglich. Nach dem Einsatz ist schließlich vor dem Einsatz. Nichts ist schlimmer und letztlich teurer als eine dreckige, ungeölte, ungepflegte, stotternde Motorsäge mit einer durchgenudelten Kette. Und nichts sieht deprimierender aus als ein Stapel Holz, der länger auf dem Rasen herumliegt und vor sich hin gammelt. Aufräumen gehört dazu, und am besten plant man die Zeit dafür schon von vornherein mit ein. Ich gehe sogar in meiner peniblen Art so weit, dass ich die Holzspäne nach dem Sägen zusammenkehre und in Eimer verfrachte. Meine Frau nutzt die Späne für bestimmte Pflanzen. Das sei gesund und sehe gut aus, sagt sie.

Die Säge ist unmittelbar nach dem Ende der täglichen Sägerei zu reinigen. Ich weiß, das Sägen kann süchtig machen, aber man sollte auf seine Kondition und Tagesform achten. Es hat wirklich keinen Sinn, von morgens bis abends zu sägen. Es muss einen Abschluss geben, sonst droht der Gang zum Orthopäden. Der Rücken wird für die Pausen und einen pünktlichen Feierabend danken.

Die Säge versorge ich immer zuerst mit dem einschlägigen Schmieröl für die Kette, dann mit dem Benzingemisch. Das muss vorsichtig und am besten mit Handschuhen geschehen. Die Säge sollte nicht mehr heiß sein. Danach wird die aufgeschraubte Motorsäge grob mit einer kleinen Bürste von allen Spänen und Erdteilchen gereinigt, da gilt wieder, es darf auch die Spülbürste aus dem Supermarkt sein. Alte Lappen, gern abgelegte Kleidung, helfen, übergelaufenes Öl abzuwischen oder groben Dreck zu entfernen. Und manchmal wirkt auch ein Kettenwechsel Wunder. Man freut sich beim nächsten Sägen, dass man sofort mit einer aufgetankten und gereinigten Säge anfangen kann. Der Luftfilter darf nicht vergessen werden.

Sägeketten gibt es natürlich beim Fachhändler, preiswerter im Internet, wenn auch nicht unbedingt superscharf, aber immerhin brauchbar. Man sollte schon des Familienfriedens willen auf seinen Vorrat achten. Nichts ist schrecklicher, als am Wochenende bei bestem Wetter so richtig Lust aufs Sägen zu bekommen, aber ohne eine scharfe Sägekette dazustehen. Ein Desaster ohnegleichen, das einem ganze Tage verderben kann. Dass ich neben der Säge, die theoretisch sofort wieder einsetzbar sein soll, auch meine Kleidung draußen reinige und die Schnittschutzstiefel wienere, versteht sich von selbst. Manche Klamotten kann man gleich draußen lassen, wenn auch nicht auf dem Boden, sondern notfalls an einem Nagel an einem Brett. Gummistiefel hänge ich immer umgekehrt auf, damit eventueller Dreck herausfallen kann, Handschuhe trockne und klopfe ich aus, Einmalhandschuhe aus Plastik wandern umgehend in den Gelben Sack.

Das Wunderbare ist nach dem Sägen, Hacken, Stapeln, Aufräumen und Säubern von Holz, dass ich naturgemäß schmutzig, erschöpft und durchgeschwitzt bin. Nichts ist dann schöner als eine ordentliche Dusche. Man fühlt sich wie nach dem Besuch eines Fitnessstudios – und irgendwie ist es ja auch so ähnlich.

Mit einem Feuer fühlt der Mensch sich niemals allein.

Oswald Spengler

DAS ANFEUERN

Es zählt zweifellos zu den schönsten Momenten. Es hat etwas Archaisches und Gemütliches an sich, schließlich handelt es sich bei Holz um den ältesten Brennstoff der Welt. Wenn die Flamme leicht züngelt und dann nach Minuten kräftig auflodert, wenn das Holz im Kaminofen hinter der obligatorischen Glasscheibe langsam anfängt zu knistern und zu prasseln, stellen sich auch bei einem voll vergeistigten, grundsätzlich kritischen Intellektuellen so gewaltige Gefühle wie Wärme und Geborgenheit, vielleicht sogar Schönheit und Heimat ein. Warum sonst werden in Dauerwerbesendungen DVDs unter dem Titel „Kaminfeuer“ angeboten? Das Kuschelgefühl sollte man nicht überbewerten, in Zeiten der teuren Energie kann das auch einfach nur praktisch und preiswert sein.

Ein Feuer kann trotz ordentlichen Schürens auch einmal erlöschen, spätestens, wenn das Holz noch zu feucht ist oder das Anzünden durch eigene Ungeschicklichkeit misslang, weil man wieder einmal zu schnell vorgegangen ist. Am schlimmsten ist bei einem schlecht brennenden oder einem nach und nach ausgehenden Feuer – besonders bei offener Ofenklappe – der sich entwickelnde Qualm, der auch noch stinkt und sich zügig in der ganzen Wohnung ausbreitet. Wie lässt sich das vermeiden?

Lange habe ich das Anzünden probiert, selbst heute geht es noch manchmal schief. Den im Ofen gestapelten Haufen sollte man mit einem gekauften Anzünder angehen.

Notfalls können das auch klein gerissene, gut geknüllte Zeitungsseiten sein, obwohl der Schornsteinfeger nichts davon hält – womit er recht hat. Papier enthält immer Feuchtigkeit und außerdem auch noch Schadstoffe.

Handelsübliche Anzünder für Feuerholz sind preiswert, es gibt sie beim Discounter (gleichermaßen fürs Grillen wie für den Kamin) oder in Baumärkten und Genossenschaften. Man muss einfach ausprobieren, welche zu einem passen, sie sehen aus wie kleine Brühwürfel oder beschnittene Zigarren und sollten damit nicht verwechselt werden. Ich hatte schon welche, an die ich ewig ein Zündholz halten musste, bis endlich die Flamme übersprang. Aber in der Regel brennen die Anzünder geruchlos über mehrere Minuten und sind biomäßig optimal, weil die Hersteller die Holzwolle in Bienenwachs tränken. Die Würfel oder kleinen Rollen bestehen oft aus Naturholz oder eben Öko-Zündwolle. Es gibt auch welche auf Paraffinbasis.

Ich lege immer ein oder zwei dickere Scheithölzer nach unten, darauf einen oder zwei Anzünder, wieder darauf nun dünnes, gut getrocknetes Anzündholz, meist Stöckchen, man kann auch Reisig sagen. Darauf kann, muss aber nicht, noch ein dickes Scheit kommen. Holz kann also gut und gern von oben nach unten abbrennen. Diese Methode, die etwas mehr Anzünder braucht, scheint sich zunehmend durchzusetzen. Die Hitze entsteht schneller, Qualm wird vermieden, weniger Schadstoffe treten auf. Nur eines sollte klar sein: Die Brennkammer darf nicht zu vollgestopft werden, schon gar nicht mit Eichenholz, das sich ganz langsam entzündet. Bei starkem Sturm, der auf den Schornstein drückt, sodass es selbst in der Brennkammer jault und weht, muss das Feuer probeweise angemacht werden – gelingt das nicht oder gibt es Geruchsprobleme, heißt es eventuell verzichten.

Vergessen darf man bei der Nutzung des Kamins auf keinen Fall die notwendige Lüftung der Wohnräume. Gerade neuere Bauten sind fast schon zu gut isoliert, und wo früher schon mal ein leichter Luftzug durchs Fenster oder den Rahmen ins Haus schlich und für eine stete Belüftung sorgte, ist heute dringend das Stoßlüften nötig. Wir lüften einmal, zweimal am Tag – wenn der Ofen gerade heruntergebrannt ist, und dann für circa fünfzehn Minuten.

Anzündholz kaufe ich nicht, sondern sammle es unter anderem beim Sägen ein, soweit kleine, dünne Holzscheitchen entstehen. Auf Spaziergängen aufgeklaubtes oder eigens gesägtes Anzündholz kommt, wenn ich es nicht ohnehin ins trocknende Scheitholz werfe, in eine eigene Kiste, die immer in der Nähe des Kamins steht. Zum direkten Anzünden benutze ich Streichhölzer – und zwar ausschließlich dünne Langhölzer von etwa zehn Zentimetern. Ich kaufe sie, wie so vieles, beim Discounter im Angebot. Das geschieht ein- bis zweimal im Jahr und zielt auf gleich mehrere größere Packungen mit einem Inhalt von jeweils fünfzig Hölzern. Vor einiger Zeit habe ich das versäumt und mich auf die Suche nach Ersatz machen müssen. Es war furchtbar. Erstens kosteten diese Langhölzer gerade um Weihnachten herum deutlich viel mehr, zweitens riechen sie schon beim Anzünden wie unangenehmes Parfüm. Der Gestank musste regelrecht weggelüftet werden. Seitdem achte ich peinlich darauf, die Angebote des Discounters wahrzunehmen. Dessen Streichhölzer brennen lange und sie riechen nicht. Feuer braucht Sauerstoff. Ein Feuer, dem extra viel Sauerstoff zugeführt wird, brennt heißer und verzehrt dabei mehr Brennstoff.

Nach dem Anzünden lasse ich die Tür zum Kaminofen nur angelehnt, den Hebel für die Luftzufuhr stelle ich auf das Maximum. Oft reagiert man danach ungeduldig und zu früh, man schließt die Tür zum Ofen, regelt die Luftzufuhr herunter – die Folge sind nicht selten traurig anzusehende, langsam erstickende Flammen, ein leichtes Nachglühen und das Ausgehen des Feuers. Denkt man jedenfalls, aber in irgendeiner hinteren Ecke ist noch Glut versteckt, und öffnet man den Ofen, um neu anzufangen, muss man Geruch in Kauf nehmen. Die Frau schimpft, man kann noch so sehr auf einen angenehmen Duft bestimmter Holzsorten hinweisen, riesige Lüftungsaktionen quer durchs Haus sind angesagt samt Vortrag darüber, wie schädlich der Feinstaub aus dem Glutbett sein kann. Also besser am Anfang groß und lange zündeln. In der Regel ist bei einem guten Verlauf das eigentliche Anzünden nach fünf Minuten erledigt: Die Tür zum Ofen kann geschlossen, die Luftzufuhr muss heruntergeregelt werden. Und dann hat man das gemütlichste Lagerfeuer in seinem kuscheligen Wohnzimmer.

Wann merkt man, dass das Feuer wirklich richtig schön brennt? Wenn ich vorm Ofen stehe, in die Flammen schaue, die Frau aus einer Wohnzimmerecke herblickt und etwas ganz Seltenes sagt: Du siehst glücklich aus!

Nach etwa einer Stunde, manchmal sind es auch – je nach Holz und Luftzufuhr – zwei Stunden, geht das Spiel von vorn los, das Nachlegen ist angesagt. Ich hebe kein Holz hinein, solange noch eine Flamme züngelt. Erstens ist es gefährlich, zweitens kann es zu einem Geruchsproblem kommen (siehe oben). Große Stücke sind jetzt angesagt, dicke Scheite, wobei ich die Tür absichtlich wieder langsam öffne, um nicht einen wirbelnden Windzug zu erzeugen. Gerade dieses langsame Öffnen bereitet mir Probleme, ich muss mich immer wieder bremsen, sonst verteilen sich Glut und Geruch im Zimmer. Passieren kann aber nicht viel. Moderne Kaminöfen haben guten Schamott und außen rundherum auf dem Boden eine schützende Glasplatte, die gegen herausfallende Glut hilft. Leichte Glut erlischt da umgehend, am nächsten Tag lässt sich der Staub mit einem Handfeger gut zusammenkehren.

Führt man zu viel Luft über einen längeren Zeitraum zu, resultieren daraus ein überhastetes Abbrennen und weniger Wärme. Auch da ist spielerisches Erproben richtig und wichtig. Manche packen beim Nachlegen ein Holzstück, aber im letzten Moment werfen sie es dann doch aus Angst vor der Hitze des Feuers in den Ofen hinein, was dem Schamott schadet und zu Funkenbildung führt. Sind Männer in einem solchen Fall eher härtere Typen und kennen keinen Schmerz? Mann oder Frau sollte ein Stück selbstredend ganz ruhig auf die heiße Glut legen. Nur dass Männer sich anschließend Hände und Arme waschen und das leicht eingesaute Hemd abwischen müssen, weil sie den Ofenrand berührt haben. Aber das sind ja Bagatellen.

Beim Kauf des modernen Kaminofens – im Fachausdruck: einer Kleinfeuerungsanlage – mit der obligatorischen Glasscheibe haben wir lange hin und her überlegt und viel angeguckt. Wie so oft können einem Verkäufer alles versprechen. Und wie so oft ist man auf der guten Seite, wenn man sich vorher schlau liest oder auf Erfahrungen anderer hört. Man kann für kleine Räume aus Gründen der Optik oder aus Prestige viel zu große Öfen kaufen, was letztlich zu schlimmen Überhitzungen führt. Wir haben uns nach langer Recherche für einen mittelgroßen, metallischen, eher klassischen Kaminofen aus Dänemark mit großer Fülltür entschieden. Die Hitze ist bei Stahlöfen rascher da, anders als bei Speckstein-Kachelöfen. Allerdings ist die Hitze auch schneller verschwunden als bei Speckstein, der Wärme gut speichert. Ich empfehle keine Öfen, die sich als Ganzes drehen lassen, die Mechanik soll nicht immer funktionieren, sagen mir Fachleute. Auch mit einer ausschließlich nach oben zu öffnenden Ofentür hätte ich Probleme, da Asche und Funken leichter herauswirbeln und sich im Zimmer verbreiten.

Unser Ofen wärmt mindestens das große Wohnzimmer, das Gästebad und den Eingangsflur gleich mit. In diesem Bereich haben wir noch nie einen Heizkörper aufgedreht. Das sind gut und gern siebzig Quadratmeter. Und wenn es doch einmal zu heiß wird, der Kamin zu sehr bollert und alle schon im T-Shirt sitzen? Dann machen wir es wie früher in der DDR, wo sich die Heizung der Fernwärme nicht immer genau regulieren ließ: Wir reißen ein Fenster auf und lassen frische Luft in das überheizte Zimmer.

Irgendwann geht jedes Feuer aus, und wunderschön ist es, wenn es uns vorher noch ein wenig in den Schlaf leuchtet, wenn man vom Schlafzimmer aus ein leichtes Flackern auf dem nahen Flur gewahrt, wenn man ab und zu ein kurzes Knacksen von brennendem Holz hört, wenn man weiß, dass die Räume über die Nacht nicht auskühlen werden. Jeder gute, ordentlich gewartete Kaminofen kann auch mal allein gelassen werden – vorausgesetzt, die Ofenklappe ist verschlossen und das Feuer hat seinen Höhepunkt überschritten, brennt allmählich nieder, wird zu Glut und später zu Asche. Am nächsten Tag folgt auf das Vergnügen die Arbeit, und ein Kreislauf schließt sich.

Über die Jahre habe ich in der täglichen Praxis eine persönliche Einfachtechnik entwickelt, die nicht die reine Lehre darstellt, aber wahnsinnig hilfreich ist. Morgens, wenn die Asche des Vorabends erkaltet ist (und nur dann!), nehme ich eine billige Plastikabfalltüte, natürlich von einer Rolle vom Discounter, und benutze die mit einer Hand wie einen Handschuh. So habe ich früher auch tote Tauben vom Balkon in unserer Stadtwohnung entsorgt, ohne sie direkt anfassen zu müssen: Ich greife in die Brennkammer hinein, klaube und schiebe mit der Hand im Ofen die Asche mehr oder weniger grob zusammen und bilde dann einen Müllbeutel mit der Asche. Ungefähr so, wie Hundebesitzer in der Stadt die Hinterlassenschaften ihrer Lieblinge erfassen. Das ist hygienisch und sauber.

Ob noch etwas heiß ist, erkennt man daran, dass beim Öffnen des Feuerraums leuchtende Stellen auftauchen oder Wärme entströmt, auch ein sanftes Streichen mit einem kleinen Holzstück über die Asche zeigt Glutnester an, die man zudem leicht riechen kann. Fachleute raten, bis zu vierundzwanzig Stunden nach einem Ofenfeuer zu warten, so lange könne es Teile von Glut geben.

Schlechte Erfahrungen haben wir mit Holzbriketts sowohl beim Abbrennen als auch hinterher beim Saubermachen des Kamins gemacht. Die einzelnen Teile der Briketts, ob groß, ob klein, werden schnell flockig und fliegen dann in der Gegend herum. Kohlebriketts oder alten Torf, den wir noch in einer Kiepe in der Scheune aufgestöbert hatten, halte ich bei Kaminöfen mit Sichtfenster nicht für brauchbar – entweder brennt das Material zu schnell ab oder es entsteht zu viel Dreck. Derlei Material ist natürlich trotzdem gut zum Heizen – nur eben nicht, wenn man einen Ofen mit einer Glasscheibe sein Eigen nennt.

Wenn es irgend geht, kehre ich mit einem Handfeger noch innen die Scheibe sowie erreichbare Ränder ab. Oft hängt oder klebt da Asche. Was ich aber auf jeden Fall jeden Morgen mache: Ich reinige die Glasscheibe, schon um freie Sicht in den Feuerraum zu haben. Das Glas wird mit einem leicht angefeuchteten Schwamm (nicht die kratzige Seite!) abgewischt. Nimmt man zu viel Wasser, rinnt die Flüssigkeit nach unten in den Spalt zwischen Scheibe und Stahl. Und irgendwann wackelt die Scheibe bedenklich. Also trockne und poliere ich mit einem Wischwegtuch etwas nach. Tauglich für die Reinigung der

Glasscheibe ist neben diversen Spezialschäumen mit Sicherheit ein einfacher, klassischer Ceranfeld-Reiniger. Wenige Tropfen davon auf dem Schwamm wirken Wunder. Natürlich wird dieser Küchenschwamm mit der weichen Seite nur für den Ofen verwendet, nicht mehr für die Küche. Ich gucke einfach gern in den Ofen und liebe das offene Flammenspiel, besonders das helle, leicht bläuliche Bild der Birke, die zudem gut riecht.

Wem es nur schnell um die Wärme geht, kann die Scheibe gern mal tagelang ungereinigt lassen. Aber das sieht nicht schön aus. Wahlweise lässt sich die Scheibe, man lache nicht, laut Geheimtipp mit Backpulver gemischt mit Essig reinigen. Auch mit angefeuchtetem Zeitungspapier und Asche aus der Brennkammer soll es funktionieren. Mir gelingt das nie optimal, weshalb ich beide Methoden meide. Dass man sich mit Holzasche die Zähne putzen kann, halte ich für einen Jux. Tatsächlich aber gibt es diesen angeblich altbewährten Tipp, um Zähne zu bleichen. Mein Zahnarzt, befragt, riet dringend davon ab: Es schmeckt nicht nur widerlich, es schadet durch das enthaltene Kalium sogar massiv dem Zahnschmelz.

Den Aschekasten unter der Brennkammer leere ich selten, bei gut getrocknetem Holz fällt nicht viel Asche an. Außerdem ist er nicht so bequem erreichbar. Wenn ich ihn aber leere, dann mit Vorsicht, denn aus dem Kasten kann bei zu schnellen und plötzlichen Bewegungen Asche herausfliegen. Außerdem ist der Stahlkasten ziemlich schwer, man kann damit an Möbel stoßen oder dem Fußboden schaden.

Asche sorgt für furchtbare Flecken auf Fußböden, Wänden oder Kleidung. So manches Mal macht mich meine Frau auf Flecken an nahezu immer der gleichen Stelle an meinem Ärmel aufmerksam. Das liegt daran, dass ich nicht vorsichtig genug bin und den Ofenrand berühre, wenn ich mit dem Arm in den Innenraum greife. Und vom Ärmel wanderte die Asche dann auf die hellen Möbel ...

Natürlich könnte ich auch einen kleinen Staubsauger nutzen, aber den muss ich dann auch irgendwann wieder von der eingesaugten Asche säubern. Und selbstverständlich könnte ich die Asche auch im Ofen lassen, wenigstens für ein paar Tage, wenn ich keine Zeit habe oder sie noch ein wenig glüht. Ich verteile sie in dem Fall einfach glatt mit einem Holzstück, das ich gleich in den Ofen lege, darüber kommt dann eine neue Schicht, die ich später anzünden werde oder die sich selbst tatsächlich noch einmal entzündet. Wenigstens die grobe Asche oder die Stücke, die in der Ofentür klemmen, entferne ich jedoch wie beschrieben täglich mit einem Handfeger, auch eine Kehrschaufel kommt dabei zum Einsatz. Das Zeug kommt dann nach draußen, bitte keine heiße Asche in die Restmülltonne.

Sicher, Asche kann man im Beet verteilen oder notfalls unter einem Gebüsch. Holzasche soll dem Wachstum bestimmter Pflanzen förderlich sein. Ich kann mir immer nicht merken, welche Pflanzen die Asche gut als Dünger gebrauchen können und welche überhaupt nicht. Sicher ist dagegen, dass Asche schon bei leichtem Wind gut weht, zu nah am Haus kann das zu Augenkribbeln oder

Jucken führen, die Schuhe werden schmutzig. Keine gute Idee.

Wer könnte leben
ohne den Trost der Bäume.

Günter Eich

NACHWORT

Es war der große deutsche Dichter Heinrich Heine, der sinngemäß geschrieben hat, dass man hinter dem Winterofen die schönsten Frühlingsgedichte verfasst. Ich fühle auch so. Wie die Romantiker sehne ich mich trotz meines Holzalters noch regelmäßig nach dem, was ich im Moment gerade nicht habe. Schließlich ist mein Hauptcharakterzug die Unruhe. Das Glück ist immer anderswo? Im Spätsommer, schon bei leichter Kühle, überrasche und nerve ich meine Frau gern und wiederholt an bestimmten Tagen mit Temperaturansagen und spätestens im Frühherbst weise ich auf ernsthafte Kälte und die absolut notwendige Gemütlichkeit hin. Der erste Sturm reißt schon die kraftlos gewordenen Blätter von den Bäumen, die Stare ziehen zwitschernd nach Süden. Als Kaminofenliebhaber und begeisterter privater Brennholzfabrikant beginnt langsam die Lust aufs Feuer zu wachsen. Meine Frau kennt mich und weiß dann längst, worauf ich hinaus will, was ich mir wünsche und ersehne: das erste Anheizen, den Start der Saison.

Dieser Augenblick kann kaum erwartet werden, und was später zur Routine wird, erlebt man nun als kleine Sensation. Im großen Zimmer mache ich Feuer im Kaminofen, obwohl es vielleicht noch nicht so kalt ist, dass man es brauchen würde.

Dieser Moment ist voller Schönheit, Romantik und Freude. Herz und Gemüt werden erwärmt. Manchmal denke ich sogar, dass mich das Holzmachen vom Baumfällen auf der Wiese bis hin zum Bestücken des Kamins mit einem trockenen Scheit geistig und körperlich einigermaßen fit hält und nicht wenige Beschwerden durch erforderliche Bewegung lindert. Das Holz wärmt und erfreut mich schließlich mehrmals – beim Baumsägen, beim Transportieren, beim Hacken, beim Stapeln, beim Verfeuern im Ofen.

Ganz anders sieht es am Ende des Winters und im Frühling aus. Das Ritual der Gewohnheit gewinnt allmählich die Oberhand. Der kalkulierte Holzverbrauch ist fast eingetreten. Wir haben Anfang Mai, alles ist durch die Wiederholung zur morgendlichen Routine geworden, fühlt sich leicht gleichförmig, ja abgenutzt an.

Manchmal artet das Ganze sogar nach den vielen Heizmonaten in eine notwendige Alltagsarbeit aus, man sieht sich schließlich gezwungen, die Scheibe des Kaminofens regelmäßig zu schrubben, die Asche ordentlich zu entsorgen, neues Holz ins Haus zu schleppen. Die Zeit drängt immer mehr, vielleicht muss man bereits das erste Mal den kräftig wachsenden Rasen mähen, vielleicht wartet ein Arzttermin oder die berufliche Arbeit geht wieder mal früher los – gibt es nicht bequeme Gasheizungen, einigermaßen sauber, schnell und gut? Gibt es. Wir haben sie auch, aber wir machen sie kaum an, seitdem wir den Kaminofen und eigenes Holz haben. Es ist sogar so, dass wir theoretisch einige Heizkörper an den Wänden des großen Wohnraums entfernen lassen könnten, weil wir sie ohnehin seit Jahren nicht mehr nutzen.

Wie auch immer: Garantiert träume ich selbst noch am Ende einer langen Heizsaison wieder und wieder den einen so herrlichen Tagtraum, in der südlichen Wesermarsch, in dieser nach wie vor total unterschätzten Landschaft, eingeschneit zu werden. Dieser Traum ist dann für meine Verhältnisse wirklich mal ganz rein und sauber befreit von Gewalt, Brutalität und irgendwelchem Unbehagen. Es ist der Traum von den dicken, selten gewordenen Schneeflocken, die ein paar Tage liegen bleiben hier in der Tiefebene. In einem richtigen Winter, der noch klirrend kalt sein will.

Kein Auto, stelle ich mir vor, kommt noch zu uns durch. Wir leben völlig abgeschnitten, sind aber nicht aus der Welt. Unsere schmale Zufahrtsstraße bleibt leer, weil kein Verkehr mehr stattfinden kann. Alles wird akustisch gedämmt durch den fallenden Schnee. Man kommt auch innerlich zur Ruhe.

Wir, die wir ohnehin keinen öffentlichen Nahverkehr in der Nähe haben, können nun gar nicht mehr weg ohne einen Bergepanzer der Bundeswehr oder den mächtigen Traktor des Bauern nebenan. Es wird dunkel, die Stromversorgung bricht in den Abendstunden kurz zusammen. Als wäre er ein Scheinwerfer, strahlt der Vollmond auf die verschneiten Wiesen, die eisig überzuckerten Bäume. Eine unwirkliche, aber keineswegs unfreundliche Szenerie. Realität und Traum scheinen zu verschmelzen.

Man könnte denken, der Maler Franz Radziwill, der ein paar Kilometer weiter in dem Fischer- und Künstlerdorf Dangast am Jadebusen lebte und arbeitete, hätte mit seinem sogenannten Magischen Realismus nur etwas auf seinen wunderbaren Gemälden eingefangen, was hier nachts gar nicht so selten ist: die surreal beleuchteten Telegrafenmasten, die menschenleere Atmosphäre, die stille Stimmung des Moors, die in die flache Landschaft geduckten, reetgedeckten Häuser.

Ich streiche feierlich ein schön langes Streichholz an und zünde das gehackte, trockene und sauber geschichtete Holz in unserem dänischen Kaminofen an. Es verbreitet nach wenigen Minuten flackerndes Licht und schnell die beste Art von behaglicher Wärme. Wir haben immer Kerzen im Haus, für den Notfall. Die kommen jetzt zum Einsatz, und keiner vermisst Fernsehen, Telefon oder Internet.

Auf einmal hat man beim Blick ins Feuer das kuschelige Gefühl, sich endlich und vollständig seinen Fantasien und Tagträumen hingeben zu dürfen, zu Hause zu sein, aller Sorgen ledig. Man kann nostalgisch wie früher einander erzählen, was man schon immer gern erzählen wollte oder auch schon mal gern berichtet und gehört hat. Gespräche, in denen Erinnerung und Zukunft vereint sind, ein Abend voller Freude. Und wenn du dann für ein paar Minuten hinausgehst, in dieser erträumten, wolkenlosen Winternacht, dann siehst du in der klaren Luft so viel Himmel über dir, dass du dich daran sattsehen kannst. Du bist glücklich. Das Leben ist schön.

Irgendwann wirst du deiner Frau die Berliner Wohnung in der Burgsdorfstraße zeigen. Von außen, auf dunkler Straße ohne Bäume und ohne Himmel. Aber das hat Zeit. Viel Zeit.

BÜCHER UND ANDERE HINWEISE

Das hübscheste und klügste Buch zum Thema Holz habe ich seit Jahren auf meinem Nachttisch liegen. „Der Mann und das Holz“ von Lars Mytting ist ein wunderbares, einzigartiges Werk des norwegischen Journalisten und Schriftstellers. Mytting erzählt vom Fällen, Hacken und Anfeuern. Allein wie der Autor berichtet, wie Holzstapel zum Beispiel einige Rückschlüsse auf den Charakter des Staplers zulassen, ist ein Riesenvergnügen. Wenn ich mal gar nichts mehr zu lesen habe und wie ein Süchtiger schnell nach einer Lektüre greifen muss, schlage ich bei diesem Buch zu. Ich könnte es wieder und wieder studieren, egal, wo ich es aufschlage, es findet immer den richtigen Ton, ist klug bebildert und im Einband – wie witzig – erinnert es ein wenig an ein Stück Holz. Was will man mehr.

Lars Mytting hat auch einen wunderbaren Roman geschrieben mit dem Titel „Die Birken wissen's noch“. In der norwegischen Familiengeschichte spielen Bäume eine große Rolle.

Robert Penns Buch mit dem sperrigen Titel „Der Mann, der einen Baum fällte und alles über Holz lernte“ ist sehr lesenswert. Der britische Autor zeigt uns am Exempel einer selbst gefällten Esche, wie man Holz sägt und was man dann anschließend alles aus diesem Holz machen kann – vom Zahnstocher über Schlitten bis hin zu Axtgriffen. Leider bin ich handwerklich längst nicht so geschickt wie er oder die von ihm besuchten Fachleute.

Allein mein Versuch, mit der Motorsäge einen fünfzackigen Weihnachtsstern aus einem dicken Stamm zu sägen, führte zu furchtbaren Verstümmelungen des geplanten Sterns und natürlich auch des Stamms. Aber ich werde es weiter probieren. – Übrigens gibt es für bildende Künstler sehr kleine oder extrem große Sägen. Es existieren sogar weltmeisterliche Sägen mit einer Schienenlänge von locker 75 Zentimetern; die wiegen dann um die zehn Kilo – Respekt vor den Nutzern. Und es gibt sogenannte Carving-Sägen. Der Begriff leitet sich vom englischen Wort carve ab, was Schnitzen bedeutet. Diese Art kleiner Motorsäge kommt bei filigranen Konturen zum exakten Einsatz, etwa bei Skulpturen. Michael Ramsauer, ein in Bad Zwischenahn lebender Künstlerfreund, hat einmal damit gearbeitet und nach eigenen Angaben erstaunliche Ergebnisse erzielt.

Der englische Autor und Überlebenstrainer Daniel Hume hat mit „Die Kunst, Feuer zu machen“ ein äußerst lesenswertes Buch verfasst - trotz des dümmlichen Untertitels „Das Buch für echte Männer“. Hume kommt im wörtlichsten Sinne vom Hölzchen aufs Stöckchen. Man muss ihm als Experten zugute halten, dass er in sein Thema verliebt ist und es wie eine Zahnpastatube ausquetscht. Wir erfahren alles über Glut und Zunder. Das Buch macht einfach nur Spaß. Es liest sich prima weg und hat zudem etliche herrlich gut gedruckte Fotos. Für die Lektüre muss man kein Fachmann sein.

Hans Eibers Werk „Brennholz“ ist sehr praktisch ausgerichtet und fein und zahlreich bebildert. In Eibers Buch kann man gut und gern schmökern, er nutzt sein umfassendes Wissen als Forstingenieur.

Hans-Peter Ebert, Professor für Forstwirtschaft, hat mit „Heizen mit Holz in allen Ofenarten“ einen erfolgreichen Ratgeber geschrieben. Er ist gerade denen zu empfehlen, die darüber nachdenken, einen Ofen zu kaufen. Penibel wird die Funktionsweise von ganz verschiedenen Öfen erklärt.

Im aid-Infodienst ist eine konzentrierte, preiswerte und praxisorientierte Broschüre mit dem Titel „Die Motorsäge. Einsatz und Wartung“ erschienen. Jeder Anfänger sollte sie als Einstieg und Pflichtlektüre besitzen.

Der Vollständigkeit halber erwähne ich hier auch die diversen Bücher von Peter Wohlleben. „Das geheime Leben der Bäume“ ist bis heute ein Bestseller. Ich habe es nicht so mit Geheimnissen. Manches in Wohllebens Werken muss man glauben – und damit habe ich so meine Probleme. Was der bekannteste Förster Deutschlands schreibt, ist wohl teilweise jenseits der empirischen Forschung, manchmal klingt das ein wenig zu sehr nach New-Age-Befindlichkeiten. Wie auch immer, seine Bücher sind erfolgreich und gut lesbar.

Howard Axelrods Buch „Allein in den Wäldern“ ist nur eines von vielen Werken, die sich mit dem Thema Aussteiger, Flucht vor der Zivilisation, Reifen in der Wildnis etc. beschäftigen. Der Untertitel macht es deutlich: „Auf der Suche nach dem wahren Leben“. Der Autor weiß zu schreiben, man kann ihm das Literarische nicht absprechen. Und er macht eines klar: Man löst keine Probleme allein dadurch, dass man der schnöden Welt durch den Marsch in den Wald den Rücken kehrt. – Gleiches gilt schließlich auch für das Arbeiten mit Holz.

Lachen Sie nicht: Ich freue mich auf Kataloge, zum Beispiel der Firma Stihl. Die erscheinen jährlich regelmäßig Ende Dezember, ich lasse sie mir kostenfrei ins Haus schicken und schmökere dann darin, es ist eine Wonne – wenn auch nicht unbedingt die Lektüre der Preise. Gleiches gilt natürlich in ähnlicher Form für andere Firmen wie etwa Husqvarna, Stiga, Makita, Scheppach oder Einhell. Natürlich gibt es Kataloge und Firmen-Broschüren gerade am Jahresanfang auch kostenfrei beim örtlichen Fachhändler zum Mitnehmen.

Das Magazin „Holzmachen“ habe ich seit Jahren abonniert. Es erscheint viermal im Jahr – zum Frühling, im Sommer, Herbst und im Winter. Die Zeitschrift gibt es nur im Abonnement und nicht am Kiosk. Sicher, einige Traktoren und riesige Baumfällgeräte, sogenannte Harvester, oder eindrucksvolle Baumtransporter darin sind natürlich für meine Verhältnisse auf unserem Land völlig überdimensioniert. Sie sind für Profis gedacht – aber es macht riesigen Spaß, in dem Magazin zu blättern und dann doch auf die Besprechung einer neuen Motorsäge zu stoßen, auf einen Artikel, den man ganz und gern liest. Dieser Forstfachverlag hat einige schöne Bücher für die Praxis rund ums Sägen im Programm.

Im Netz gibt es längst eine Fülle von Videos zum Thema, natürlich auch von den einschlägigen Geräte-Firmen wie Stihl oder Husqvarna. Daneben gefallen mir ganz besonders die seriösen Erklär-Filmchen der Bayerischen Staatsforsten. An die Aussprache gewöhnt man sich mit der Zeit.

Es existieren diverse kostenfreie Apps zur Bestimmung von Bäumen, darunter Flora incognita. Man macht zum Beispiel ein Foto von der Rinde oder dem gesamten Baum und es wird mit Bild und Text gezeigt, um welche Baumart es sich handelt. Gleiches gibt es auch für Sträucher. Eine hübsche Erfindung, die manchmal ein wenig hackelt.

Wer sich für das Thema Moor, für Flora und Fauna und Moorkultivieriung interessiert, der findet besonders in den Büchern des Landesmuseums für Natur und Mensch in Oldenburg genügend Stoff. Die Moorarchäologie hat in Nordwestdeutschland eine lange, weit über zweihundert Jahre zurückreichende Tradition. Auch die Oldenburgische Landschaft und der Oldenburgische Landesverein stellen umfassendes Material zum Thema Moor zur Verfügung. So zum Beispiel den Fotoband „Aus Moor und Heide“ (Landesverein) mit zahlreichen eindrucksvollen historischen Aufnahmen von J. Duis. Die betreffen auch einige Moore in der südlichen Wesermarsch.

Der im Text beschriebene Bollenhagener Moorwald ist der größte Wald der Wesermarsch. Er befindet sich in Jade-Südbollenhagen in einem ehemaligen Auengebiet. Informationen unter anderem über die Gemeinde Jade (jade-touristik.de).

Informationen zum erwähnten OOWV-Museum Kaskade in Diekmannshausen (Bäderstraße 2, 26349 Jade, Telefon: 04401/9160), zur Wasserwirtschaft und zum Wasserschutz in der Wesermarsch unter anderem unter oowv.de.

Für alle Moor-Freunde ist das Moor- und Fehnmuseum Elisabethfehn ein Augenschmaus. Es liegt direkt am Elisabethfehnkanal in der Gemeinde Barßel (Oldenburger Straße 1, 26676 Barßel; fehnmuseum.de). Es gibt dort eine gemütliche Teestube und immer wieder Sonderausstellungen.

MEIN SÄGE-ZEUG

Nun wird es ganz subjektiv und privat. Ich bin durch die Werkstatt und Scheune gegangen und liste einfach mal alle für mich wichtigen Säge-Werkzeuge und Apparate auf, wo es Sinn hat, sogar mit Firmennamen. Für nahezu jedes Gerät gibt es aber bestimmt ein adäquates Modell einer anderen Firma, das genauso gut ist. Also sind dies nur grobe und persönliche Hinweise.

Weggelassen habe ich nach längerem Nachdenken, was eigentlich selbstverständlich ist: Schubkarre, Sonnencreme, Lappen & Co.

Was mir über die Jahre auffällt: Brennholzsägen ist kein preiswertes Hobby für den ganz schmalen Geldbeutel. Allein die Kleidung mit Schnittschutz kostet viel, und eine gute Motorsäge ist auch nicht ganz billig. Hinzu kommt, dass die Sache arbeitsintensiv ist. Und wer gerade eine Hüft-OP hinter sich hat, kann auch nicht in der Woche darauf die Motorsäge anwerfen. Eine gewisse Fitness, Aufmerksamkeit und Körperbeherrschung sind notwendig. Aber das soll keinen abhalten, es mal zu probieren. Dafür die folgende Liste – ohne Anspruch auf Vollständigkeit:

Motorsäge MS 171 von Stihl, Kette 30 Zentimeter lang

Motorsäge MS 211 von Stihl, Kette 35 Zentimeter lang

Gebrauchter Quad ATV zum Holztransport mit vom Nachbarn angeschweißter Anhängerkupplung

Einachsiger Anhänger, ursprünglich gedacht für Rasentraktoren, später habe ich mir praktischerweise unkaputtbare Räder aus Vollgummi angebaut. Erhältlich sind solche Räder dauerhaft zum Beispiel bei einem Restpostenhändler. Inzwischen habe ich sogar einen zweiten robusten Einachs-Hänger – eine Art „Marke Eigenbau" – über eBay in unserer Region gekauft.

1 Rasentraktor, allerdings selten nutzbar für den Holztransport

1 Fiskars-Spaltaxt mit 70 Zentimeter-Stiel

1 alte No-Name-Spaltaxt

1 scharfe alte Axt zum Durchtrennen hauptsächlich von Wurzelwerk

1 Gehölz-Säge mit Akku (GTA 26) von Stihl, damit kann man schnell mal kleine Äste und Sträucher schneiden oder auch Bretter zurechtsägen, es gibt ähnlich starke Modelle von Firmen wie Bosch oder Einhell.

1 Schnittschutzanzug am besten als Latzhose

1 Schutzhelm mit Gehörschutz und Plastikvisier in einem Stück (nehmen Sie die robuste Variante, sie kostet ein paar Euro mehr, aber die Plastikteile brechen nicht gleich ab)

1 Sonnenbrille oder Lesebrille, falls der Staub beim Sägen doch mal zu fein wird, unter dem Visier zu tragen

1 Paar Schnürstiefel mit Schnittschutz (bei Trockenheit und Rutschgefahr)

1 Paar Gummistiefel mit Schnittschutz (gut bei extremer Nässe und in der Nähe von Gräben)

1 dicke Arbeitsjacke, wie sie Forstarbeiter, Straßenbauer und andere Handwerker vielleicht nutzen (muss kein edles Teil sein – wer sieht einen schon auf dem Acker oder im Wald?, aber Signalfarben bieten sich an)

2 Pullover und Hoodies für den Winter

5 alte T-Shirts und Polo-Shirts (für die Sommerarbeit)

3 Paar Arbeitsstrümpfe vom Discounter, die nicht rutschen

Diverse alte, schön hochgeschlossene Rollkragenpullover für den Winter

2 lange Unterhosen, eng anliegend

1 dicke Fellmütze (eine sogenannte Schapka aus der Tiefe Sibiriens) mit Ohrenwärmern

2 Paar dicke Arbeitshandschuhe vom Discounter

1 Packung mit 100 Einmal-Plastik-Handschuhen vom Discounter

Mehrere Pappen von Kartons oder Verpackungen zum Unterlegen unter eine ölende Säge oder beim Knien im Gras

Universalschlüssel für die Motorsägen zum Öffnen der Maschine und Festziehen der Kette

Mehrere Reserve-Sägeketten in passender Länge

1 Reserve-Sägeblatt

1 Kanister passendes Sägekettenöl, lange haltbar

1 Kanister 2-Takt-Benzingemisch, 5 Liter, haltbar mindestens 3 Monate

1 Tube 2-Takt-Motorenöl für das Benzingemisch (als Reserve)

1 Kanister mit Super-Benzin für Quad, Rasenmäher und andere Geräte

1 Packzange zum Aufheben schwerer Holzstämme

1 Holzfeuchtemessgerät vom Discounter (trocken ist das Holz bei ca. 15 bis 20 % Feuchtegrad - in meinen Augen ein kleines Spaßgerät und weiteres Männerspielzeug)

1 Holzbock zum Sägen, alt, bequem und gern geflickt, abzuraten ist von einem Block aus Metall – wehe, wenn die Sägekette ihn berührt

Zur Sicherheit (absolutes Minimum!):

Handy dabei, Pflaster eingepackt, Frau Bescheid gesagt

Ich bin die Wärme deines Herdes
an kalten Winterabenden.
Ich bin der Schatten,
der dich vor der heißen Sommersonne beschirmt.
Meine Früchte und belebenden Getränke
stillen deinen Durst auf deiner Reise.
Ich bin der Balken, der dein Haus hält,
die Tür deiner Heimstatt,
das Bett, in dem du liegst, und das Spant,
das dein Boot trägt.
Ich bin der Griff deiner Harke, das Holz deiner Wiege
und die Hülle deines Sarges.

(Schild an einem Baum in Madrid, Dichter unbekannt)

DANK

Dank an den rührigen Geest-Verlag, der von meiner Idee naturgemäß zunächst überrascht und dann angetan war! Selten wurde ich bei einem Buchprojekt so intensiv und gut betreut.

Danke Horst Strömer für penibles Lesen und kluge Hinweise. Wie gut, dass es noch engagierte Gymnasiallehrer gibt. Selbst im Ruhestand sind sie unermüdlich. Und noch dazu nett.

Danke Marco zu Stolberg für die unkomplizierte Hilfe! Für das fachliche Gegenlesen und die Behebung meiner peinlichsten Schnitzer! In Sachen Baum und Holz kann dir keiner was vormachen.

Alle noch vorhandenen Fehler gehen auf mein Konto.

Danke Harald Rykena – du bist und bleibst ein super Computerspezialist. Wo ich an der Technik verzweifle, verliert mein Oldenburger Freund nie die Nerven.

Und natürlich herzlich: Danke Anke!

Jade, im Sommer 2023